ISBN 978-3-662-22759-6   ISBN 978-3-662-24690-0 (eBook)
DOI 10.1007/978-3-662-24690-0

Referent: Professor Dr. W. Kutta.
Korreferent: Professor Dr. H. Reißner.

Sonderabdruck aus
Jahrbuch der Motorluftschiff-Studiengesellschaft 1911.

Meinen Eltern.

Inhaltsverzeichnis.

I. Vorbemerkungen.

Die großartige Entwicklung der Flugtechnik in den letzten Jahren hat das Interesse für die Kräfte, die an schräg vom Wind getroffenen Flächen angreifen, bedeutend gesteigert. Es sind allerdings schon viele Versuche in dieser Richtung — teilweise sogar schon im 18. Jahrhundert — angestellt worden. Die dabei gefundenen Ergebnisse weichen aber einerseits stark voneinander ab, andererseits sind die Einflüsse des Seitenverhältnisses und des Wölbungspfeiles zu wenig berücksichtigt, so daß sich die im nachfolgenden mitgeteilte gründliche Untersuchung der Frage wohl verlohnt. Es soll dabei über die Abhängigkeit des Auftriebs und des Widerstandes der Platten vom Neigungswinkel, Seitenverhältnis und Wölbungspfeil berichtet werden. Eine Untersuchung an ähnlichen Platten bei verschiedenen Geschwindigkeiten weist darauf hin, daß die Proportionalität des Auftriebs und des Widerstandes mit der Fläche der Platte und mit v^2 ($v =$ Geschwindigkeit) ziemlich gut erfüllt ist. Es wurden deshalb bei allen Versuchen die mit den einzelnen Platten erhaltenen Meßresultate durch die Fläche der Platte und durch $\frac{\gamma v^2}{g}$ ($\gamma =$ Dichte der Luft) dividiert und auf diese Weise Koeffizienten gefunden, die für ähnliche Platten bei beliebigen Geschwindigkeiten gültig sind.

Die vorliegenden Versuche wurden in der Göttinger Modellversuchsanstalt ausgeführt, die Herr Professor P r a n d t l mit den Mitteln der Motorluftschiff-Studiengesellschaft geschaffen hat. Die Anregung zu den Versuchen erhielt ich von Prof. P r a n d t l, der mir auch bei der Durchführung der Versuche stets mit seinem Rat zur Seite stand. Auch an dieser Stelle möchte ich ihm dafür meinen besten Dank aussprechen. Vielen Dank schulde ich ferner der Motorluftschiff-Studiengesellschaft, die ihre Mittel in uneigennützigster Weise zur Erforschung der Aerodynamik zur Verfügung stellte und die durch Aufnahme meiner Arbeit in ihr Jahrbuch eine tadellose Ausführung der Drucklegung ermöglicht hat.

Was die Arbeit im einzelnen betrifft, ist zu bemerken, daß es sich im historischen Teil als nötig erwies, den Koeffizienten $\zeta_{90°}$.[1]) für die senkrecht vom Wind getroffene ebene Platte von quadratischem Format einheitlich anzunehmen

---

[1]) Unter $\zeta_{90°}$ ist der Koeffizient für die senkrecht getroffene Platte in der Formel: Widerstand der Platte $= \zeta_{90°} \cdot \frac{\gamma v^2}{g}$. Plattenfläche verstanden. Bei schräg getroffenen Platten läßt sich die resultierende Windkraft in eine Komponente senkrecht zur Bewegungsrichtung — Auftrieb — und in eine Komponente in Bewegungsrichtung — Widerstand — zerlegen. Die entsprechenden Koeffizienten sind im nachfolgenden mit ζ_A und ζ_W bezeichnet.

und die Resultate der einzelnen Experimentatoren darauf zu reduzieren, um sie besser miteinander vergleichen zu können. Ich wählte dazu ζ_{90}. zu 0,6 als abgerundete Zahl, wie sie sich als Mittelwert nach den besten Versuchen ergibt.

Die Zahlenrechnungen, die bei der Ausarbeitung der Versuchsergebnisse in den Tabellen vorkamen, wurden durchwegs mit Hilfe des Rechenschiebers ausgeführt, so daß die Genauigkeit der erhaltenen Resultate nur einige Promille beträgt.

II. Zusammenstellung der Versuche früherer Experimentatoren.

Für die Enzyklopädie der Math. Wissensch. hat Prof. F i n s t e r w a l d e r im Jahre 1902 einen Beitrag geliefert, der den Titel „Aerodynamik" trägt (Band IV, Artikel 17). An dieser Stelle sind die bis dahin bekannten Resultate der gesamten Aerodynamik in zusammengedrängter Form wiedergegeben. In § 5 und § 6 der genannten Abhandlung wird über die Versuche an schräg zum Wind gestellten Platten berichtet. Es findet sich dabei eine reichhaltige Literaturangabe, die mir für die folgenden Ausführungen als Grundlage diente. Außer den bei Finsterwalder zitierten Werken sollen hier auch die inzwischen bekannt gewordenen neueren Versuche Berücksichtigung finden.

Versuche zur Ermittlung der Windkräfte an schrägen Platten sind schon im 18. Jahrhundert angestellt worden. H u t t o n, B o r d a und andere haben sich damit befaßt. Wir wollen uns hier aber nicht mit den Originalarbeiten dieser ersten Experimentatoren beschäftigen, sondern gleich mit Duchemin beginnen, der im Jahre 1842 sein Werk „Recherches Expérimentales sur les Lois de la Résistance des Fluides" herausgegeben hat. In diesem Buch wird nicht nur über die eigenen Versuche Duchemins berichtet, es sind vielmehr alle vorausgehenden Versuche zusammengefaßt und in den aufgestellten Formeln berücksichtigt. Wenden wir uns erst seinen eigenen Versuchen zu.

Duchemin hat sowohl den Widerstand der ruhenden Platte im fließenden Strom als auch den der bewegten Platte im ruhenden Wasser untersucht. Die Versuche der zweiten Art hat er im Bassin des Kanals Saint Maur, das 80×35 m breit und 6 m tief ist, angestellt. Er spannte über den Teich ein Seil und zog längs demselben eine Barke durch die Fluten. An ihr war die Platte befestigt, die ins Wasser tauchte. Die Barke trug außerdem die Meßinstrumente. Die Versuche im bewegten Wasser sind an dem Mühlkanal von Saint Maur angestellt worden. Hier hat er namentlich Versuche angestellt, um die Richtung der Strömung in der Nähe einer schräg gestellten Platte zu ermitteln; und zwar benützte er dazu Seidenbänder, die unter Wasser tauchten. Nach den dabei gefundenen Resultaten zeichnet er Strombilder, bei denen der scharfe Knick in den Stromlinien sehr auffällig ist. Auf der Rückseite der Platte nimmt er zwar das Vorhandensein eines Wirbels an, hält sich aber sonst wenig mit den Vorgängen hinter der Platte auf. Die Zahlenwerte seiner Messung gibt Duchemin nicht im einzelnen wieder. Er benützt sie vielmehr zusammen mit den Versuchen von B o r d a, H u t t o n,

D u b u a t, L o m b a r d, B o s s u t und anderen, um für die schräg gestellte Platte eine Formel über die Abhängigkeit der resultierenden Kraft vom Neigungswinkel anzugeben. Die Formel lautet:

$$W = \frac{1{,}254\,\gamma\,v^2 \cdot F \cdot \sin\alpha}{g\,(1 + \sin^2\alpha)}.$$

Schreiben wir die Formel in unserer Ausdrucksweise an, nämlich: $W = \zeta \cdot \dfrac{\gamma\,v^2}{g} \cdot F$,

so wird $\zeta = \dfrac{1{,}254 \cdot \sin\alpha}{1 + \sin^2\alpha}$. Für die senkrecht vom Wind getroffene Platte wird

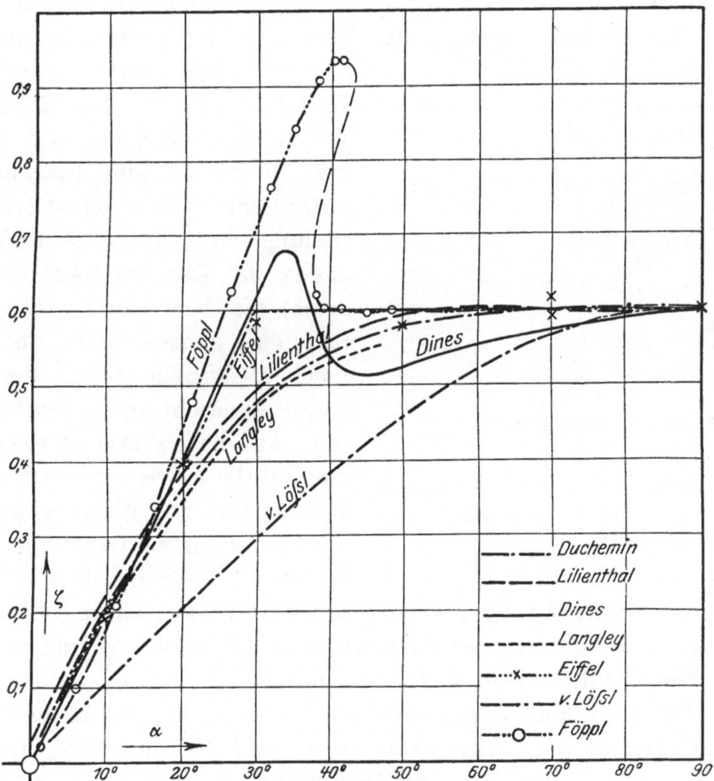

Fig 1. Vergleichende Zusammenstellung der Versuche an quadratischen Platten.
(reduziert auf $\zeta_{90°} = 0{,}6$)

$\zeta_{90°} = 0{,}627$, was mit dem Widerstandskoeffizienten 0,60, wie wir ihn nach neueren Messungen für die quadratische Platte annehmen wollen, sehr gut übereinstimmt. Eine Abhängigkeit des Koeffizienten vom Seitenverhältnis gibt Duchemin nicht an; zum Aufstellen der Formel geht er von der Kraft aus, die ein Wasserstrahl auf eine schräg getroffene Platte ausübt. Er hat selbst Versuche über diesen Gegenstand angestellt und benützt außerdem die Resultate von B o s s u t. In Fig. 1 ist nach der Ducheminschen Formel der Auftriebskoeffizient als Funktion des Neigungswinkels eingetragen. Es fällt dabei auf, wie verhältnismäßig gut die Ducheminschen Werte mit den neueren Versuchsergebnissen übereinstimmen — viel besser wie manche später gefundenen Zahlen.

Lilienthal. [1]) Die Versuche des Vorkämpfers der Flugtechnik wollen wir etwas ausführlicher behandeln als die Versuche der anderen Experimentatoren, weil seine Resultate überall Eingang gefunden haben, und, weil die grundlegenden Erfolge dieses Mannes in der praktischen Flugtechnik auch das größte Interesse für seine experimentellen Grundlagen wachrufen.

Lilienthals Werk „Der Vogelflug" erschien im Jahre 1889. In diesem Buch sind unter anderem die Resultate seiner Messungen an schräg zum Wind gestellten Platten in Kurvendarstellung wiedergegeben. Lilienthal hat seine Messungen in zwei Arten durchgeführt; er hat Versuche am Rundlauf angestellt, und er hat Platten dem natürlichen Wind ausgesetzt und die Kräfte an Federwagen abgelesen. Wir wollen uns zuerst den Versuchen der ersten Art zuwenden.

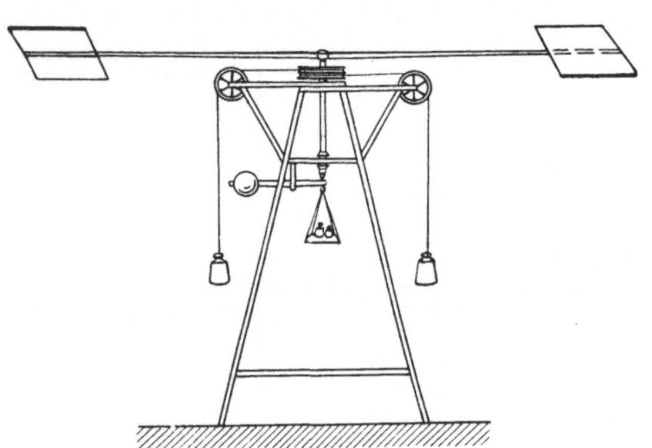

Fig. 2. Lilienthals Rundlauf (aus O. Lilienthal „Der Vogelflug" 2. Aufl. 1910, herausgeg. von G. Lilienthal).

Lilienthal hat verschiedene Rundlaufapparate von 2 bis 7 m Durchmesser benützt und Platten von 10 bis 50 qdm Flächeninhalt untersucht. Die schematische Darstellung seines Apparates findet sich in Fig. 2. Der Rundlauf hat zwei Arme, die beide an ihrem äußeren Ende eine gleiche Platte, unter dem gleichen Winkel gegen die Fortschreitungsrichtung eingestellt, tragen. Auf diese Weise ist es erreicht, daß auf die Achse des Rundlaufs nur Kräftepaare zur Wirkung kommen. Der Rundlauf wird angetrieben von zwei Gewichten, die über Rollen geführt sind. Die Antriebsvorrichtung gestattet es, sofort das ausgeübte Drehmoment anzugeben, das zur Überwindung der Rollenreibung, Lagerreibung und des Luftwiderstandes von Rundlaufarmen und Platten und zur Beschleunigung der Massen verwendet wird. Der Rundlauf wird erst ohne Platten in Bewegung gesetzt und der schädliche Widerstand der Arme samt Lager und Rollenreibung gemessen. Das Resultat dieser Messung wird von dem Widerstand des Rundlaufs mit Platten abgezogen. Die Differenz liefert den Widerstand der beiden Platten. Es ist außerdem nötig, den Auftrieb zu bestimmen, wozu die Wage in Fig. 2 Verwendung findet. Das gesamte Gewicht des drehbaren Rundlaufteiles ruht durch Vermittlung einer Spitze auf dem Waghebel. Der Auftrieb der beiden Flächen vermindert den Druck auf den Waghebel um einen Betrag, der abgelesen wird. Die Relativgeschwindigkeit der Platte gegen die umgebende Luft ist proportional der abgelesenen Umdrehungsgeschwindigkeit. Es lassen sich also, wie man sieht, alle wichtigen Größen auf leichte Weise ermitteln. Der große Rundlauf stand im Freien, bei den kleineren ist der Aufstellungsort nicht angegeben. Nicht berücksichtigt wird der Mitwind, der sicher bei Lilienthals Anordnung recht beträchtlich ist. Denn

---

[1]) Die Versuche sind von den beiden Brüdern Otto und Gustav Lilienthal gemeinsam ausgeführt worden.

zum Unterschied von den neueren Rundlaufapparaten von D i n e s und L a n g - l e y hat Lilienthal, wie schon erwähnt, auf beiden Armen Platten angebracht, die, verglichen mit dem Durchmesser des Rundlaufs, verhältnismäßig große Abmessungen besitzen. In seinem Werk (Seite 91) macht Lilienthal selbst darauf aufmerksam, daß die gegenseitige Beeinflussung der beiden Platten zu Fehlern Anlaß gibt. Bei den Versuchen im Freien kommt außerdem die Wirkung des natürlichen Windes als schädliches Moment hinzu.

Wenn man von Lilienthals Versuchsapparaten spricht, muß man berücksichtigen, daß ihm nicht die großen Mittel eines Langley, Dines oder Eiffel zur Verfügung standen. Er hat vielmehr mit kleinen Mitteln Großes geschaffen. Dabei liegt es in der Natur der Sache, daß den bescheidenen Apparaten entsprechend manche Ungenauigkeiten in den Messungen enthalten sind, die man jetzt an Hand der vielen inzwischen gemachten Versuche leicht aufdecken kann.

Lilienthal hat Versuche an ebenen und gewölbten Platten ausgeführt. Die Versuche der letzteren Art sind die bedeutenderen, da Lilienthal als erster auf die gewölbten Platten, die heutzutage die Grundlage für jedes Flugzeug bilden, aufmerksam gemacht und ihre große Bedeutung für den Menschenflug erkannt hat. Wir wollen uns zuerst mit seinen Untersuchungen an ebenen Platten befassen, da wir an Hand dieser Versuche leichter auf die mutmaßlichen Fehlerquellen hinweisen können.

Vor allem muß erwähnt werden, daß Lilienthal den Einfluß des Seitenverhältnisses auf die Windkräfte — namentlich bei geringen Neigungen der Platte gegen den Wind — wohl erkannt und darauf hingewiesen hat. Seine Versuche an ebenen Platten führt er aber nur für quadratisches Format aus, und deshalb wollen wir die Werte für unsere quadratische Platte zum Vergleich heranziehen.

Entsprechend der verschiedenen Meßmethode müssen wir seine Auftriebs- und Widerstandskoeffizienten getrennt untersuchen. Zu diesem Zweck wurden ζ_A und ζ_W für die ebene Platte aus seinen Tafeln ermittelt und in Fig. 3 und 4 abhängig vom Neigungswinkel aufgetragen. Bei den ζ_W-Werten ist die Abweichung von Lilienthals und unseren Messungen viel größer als bei den ζ_A-Werten. Die ζ_W-Werte fallen bei Lilienthal viel zu hoch aus.[1]) Besonders augenfällig wird diese Tatsache, wenn man Lilienthals Widerstandswert für die senkrecht vom Wind getroffene Platte mit den Werten von D u c h e m i n , E i f f e l und anderen vergleicht. Lilienthal gibt als Koeffizienten 0,13 an. Wir müssen diese Zahl durch $\dfrac{\gamma}{g}$ dividieren, um ζ_{90} in der von uns verwendeten Ausdrucksweise zu er. halten. Es steht dann der Lilienthalsche Wert von 1,03 dem neueren Wert von 0,6 gegenüber. Welchen Ursachen die mangelhafte Messung der Widerstandskomponente zuzuschreiben ist, darüber lassen sich natürlich nur Vermutungen anstellen. Neben den vorhin genannten Fehlerquellen des Rundlaufapparates, auf die Lilienthal selbst hingewiesen hat, läßt sich vermuten, daß der Rundlauf keine konstante Geschwindigkeit erreichte, und daß deshalb ein Teil des gemessenen Drehmomentes auf die Beschleunigung der Massen fällt. Für die senk-

---

[1]) In Fig. 4 tritt die Verschiedenheit nicht so stark hervor, weil die Kurven auf gleiche Werte bei 90⁰ reduziert sind.

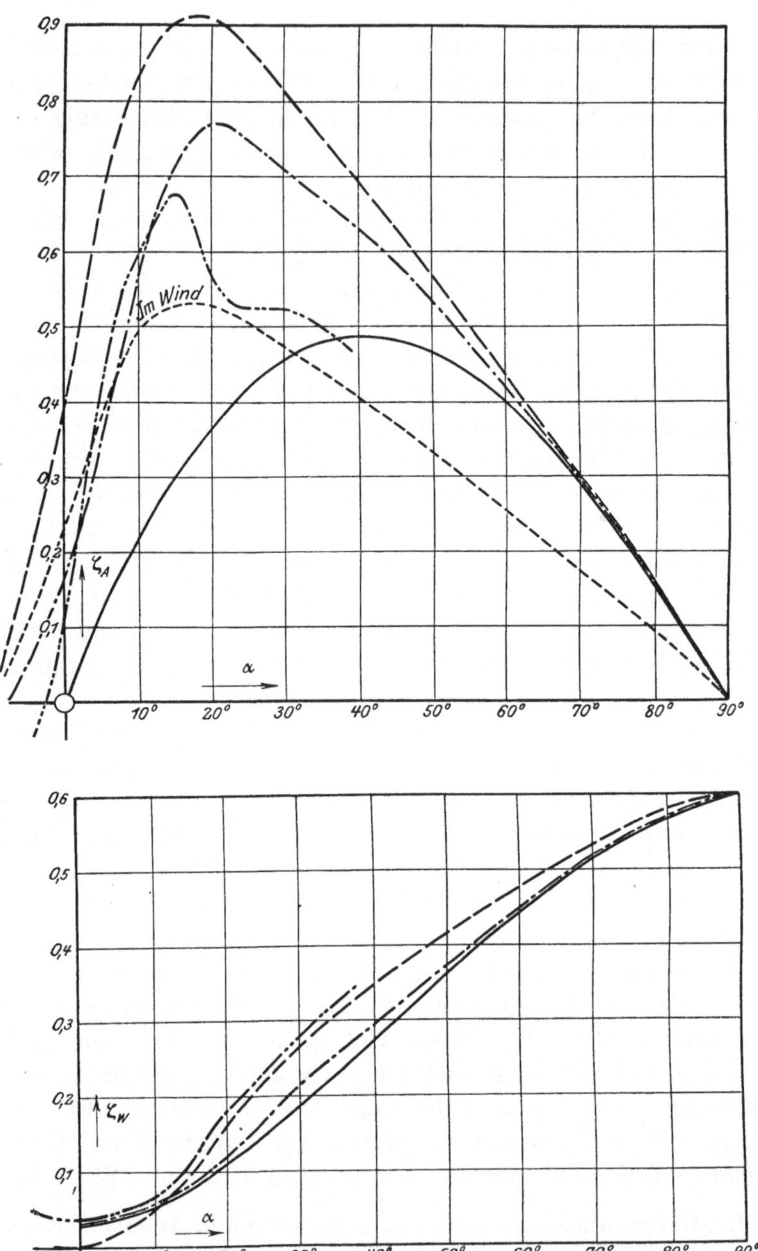

Fig. 3 u. 4. Auftriebskoeffizienten ζ_A und Widerstandskoeffizienten ζ_W nach Lilienthals Messungen.

——————— Ebene quadr. Platte am Rundlauf gemessen.

—·—·— Gewölbte Platte $\dfrac{\text{Pfeil}}{\text{Sehne}} = \dfrac{1}{12}$ (Format siehe Fig. 7) am Rundlauf gemessen.

— — — Dieselbe Platte im natürl. Wind.

········· Die nämlichen Resultate, dividiert durch 1,71 (siehe S. 13).

—··—··— Unsere Resultate mit der Platte 20 × 80 cm und f = 1,65 cm (zum Vergleich mit eingezeichnet) recht vom Wind getroffenen Platten geben also Lilienthals Rundlaufversuche gegenüber den Resultaten anderer Experimentatoren um das 1,71 fache zu hohe Werte. Die Annahme liegt da nahe, daß auch für die geneigte Platte die am Rundlauf ermittelten Widerstandswerte zu hoch herauskommen. Es wurden deshalb alle seine am Rundlauf ermittelten ζ_w-Werte durch $\dfrac{1,03}{0,6} . = 1,71$ dividiert und die korrigierten Werte für die quadratische Platte in Fig. 1 eingetragen. Ebenso ist bei seinen Rundlaufversuchen an gewölbten Platten diese Korrektur berücksichtigt und die Kurven Fig. 4 danach gezeichnet.

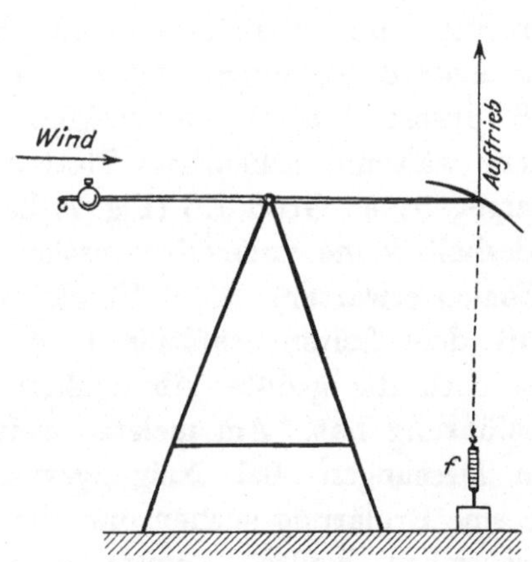

Fig. 5. Lilienthals Vorrichtung, mit der er die Kräfte an Platten im natürlichen Wind gemessen hat.

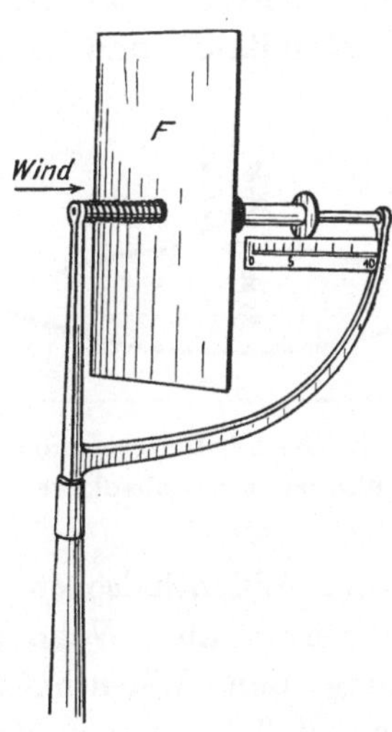

Fig. 6. Vorrichtung zur Messung der Windgeschwindigkeit.

Wir kommen nun zu Lilienthals Versuchen im natürlichen Wind, die nur an gewölbten Platten durchgeführt sind. Der Apparat, den er zu seinen Messungen verwendet hat, ist in Fig. 5 wiedergegeben. In der gleichen Weise, wie in der schematischen Darstellung die Bestimmung des Auftriebs durch die Federwage geschieht, kann natürlich auch die Widerstandskomponente ermittelt werden. Die Stange, auf der die Platte befestigt ist, wird zu dem Zwecke um 90° gedreht, die Platte wieder unter dem gleichen Winkel gegen die Windrichtung eingestellt, und die Federwage versetzt. Die Messungen im natürlichen Wind wären sehr gut ausgefallen, wenn sich nicht der Fehler in der Ermittlung des Widerstandes am Rundlauf mit eingeschlichen hätte. Lilienthal hat nämlich die Windgeschwindigkeit mit einem eigenartigen Instrument bestimmt, mit dem er sicher sehr genaue Angaben hätte machen können, wenn er bei der Eichung nicht den fehlerhaften, am Rundlauf gemessenen Wert benützt hätte.

Der Apparat zur Messung der Windgeschwindigkeit ist in Fig. 6 dargestellt. Die senkrecht vom Wind getroffene Scheibe weicht längs einer Führung zurück und spannt eine Feder. Die Größe der Federkraft wird vor dem Versuch für jede Stellung der Platte, die durch die Stellung des Zeigers definiert ist, durch Anhängen von Gewichten bestimmt — das Instrument wird geeicht. Wenn der Wind bläst, ist die Kraft, die auf die Platte wirkt, von gleicher Größe wie vorher das Gewicht, das das gleiche Zurückweichen der Platte veranlaßt hatte. Aus der Windkraft läßt sich die Windgeschwindigkeit nach der Formel: $W = \zeta_{90°} \cdot \dfrac{\gamma}{g} \cdot v^2 \cdot F$ ermitteln. Lilienthal benützt den Wert für $\zeta_{90°}$, den er am Rundlauf ermittelt hat, und der um 70% zu hoch ausgefallen ist, und damit wird die errechnete Windgeschwindigkeit um das $\sqrt{1,71}$ fache zu niedrig bestimmt. Die Koeffizienten für die Platte im natürlichen Wind wurden deshalb durch 1,71 dividiert und man erhält dann — wenigstens bei den Neigungswinkeln bis 10° — ganz gute Übereinstimmung mit unseren Werten. Es kommen außerdem durch diese Korrektur Lilienthals eigene Rundlauf- und Windmessungen zu besserer Übereinstimmung. Die Resultate sind in Fig. 3 und 4 aufgenommen. Beim Vergleich mit unseren Messungen ist zu berücksichtigen, daß unsere Platten rechteckige Projektion besitzen, während Lilienthals Platten den nebenan wiedergegebenen Grundriß (Fig. 7) haben. Es läßt sich deshalb keine volle Übereinstimmung mit unseren Zahlen erwarten. Zum Vergleich ist die Platte mit dem Seitenverhältnis 1 : 4 herangezogen, die noch die größte Ähnlichkeit mit Lilienthals Ausführung hat. Am meisten weichen noch die Lilienthalschen und die unsrigen Messungen bei Neigungswinkeln um 0° herum ab. Wenn man auch hierfür eine Erklärung suchen und die Abweichung den Lilienthalschen Zahlen zuschreiben wollte, könnte man annehmen, daß bei seinen Messungen der Ausschlag, den die Platte unter dem Einfluß des Windes machen muß, um die Federwage anzuspannen, nicht genügend berücksichtigt ist.

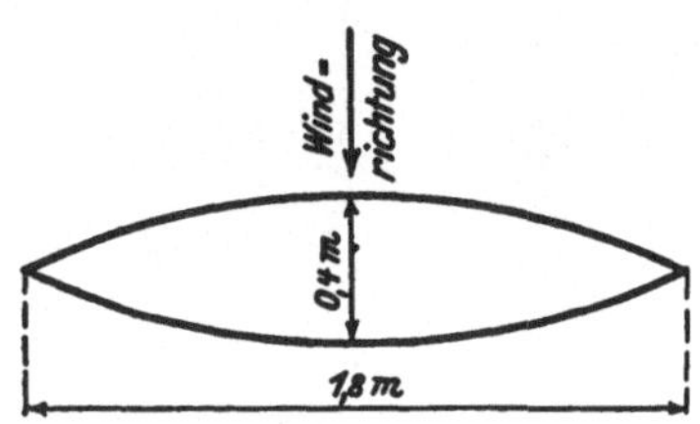

Fig. 7. Grundriß der Lilienthalschen Versuchsplatte.

Zum Schluß sei erwähnt, daß es jetzt, nachdem die Ergebnisse der verschiedensten Versuche vorliegen, ein Leichtes ist, auf die mutmaßlichen Fehlerquellen Lilienthals hinzuweisen. Die überaus großen Verdienste Lilienthals der nicht nur für die praktische, sondern auch für die experimentelle Flugtechnik Großes geleistet hat, werden damit keineswegs geschmälert.

Anmerkung: In seinem vortrefflichen Buch „Aerodynamik" spricht L a n c h e s t e r in § 108 Herrn H o r a t i o F r e d e r i k P h i l l i p s das Verdienst zu, als erster den Vorteil erkannt zu haben, den die Benützung flügelförmiger Flächen in der Flugtechnik bietet. Herr Philipps ließ sich im Jahre 1884 ein Patent auf diese Erfindung geben. Lilienthal trat allerdings erst im Jahre 1889 mit seinem Werk an die Öffentlichkeit. Er machte aber zu dieser Zeit die Fülle seiner Experimente, die viele Jahre gekostet haben, bekannt. Und daß er die günstige Tragwirkung von gewölbten Flächen schon längst erkannt hatte, dafür bürgt in § 32 folgender Satz:

„Die ersten derartigen Versuche mit den beschriebenen Apparaten [Fig. 5] wurden von uns im Jahre 1874 angestellt, und zwar mit seitlich zugespitzten Flächen von $\frac{1}{4}$ qm Inhalt, d i e e i n e H ö h l u n g v o n $\frac{1}{12}$ d e r B r e i t e besaßen."

Ich glaube demnach, man muß unbedingt L i l i e n t h a l das Verdienst zusprechen, die Überlegenheit der gewölbten gegenüber der ebenen Fläche als erster entdeckt zu haben.

Dines und **Langley.** Die Versuche dieser beiden Männer wollen wir deshalb in einem Abschnitt behandeln, weil die verwendeten Versuchsvorrichtungen sehr ähnlich sind. Dines hat seine Versuche in Hersham an einem Rundlauf von 17 m Durchmesser ausgeführt und dabei 20 bis 30 m/sec Geschwindigkeit erreicht. Die gewonnenen Resultate sind in den Roy. Soc. Proc. London, Bd. 48 und 50, veröffentlicht. Langley benützte einen Rundlauf von 18 m Durchmesser und erreichte ähnliche Geschwindigkeiten wie Dines. Seine Versuche sind zusammenhängend in der Smithsonian Collection veröffentlicht. Auf den Mitwind wird bei den Versuchen der beiden Männer keine Rücksicht genommen. Der dadurch verursachte Fehler ist aber klein, da der Durchmesser des Rundlaufs gegen die Plattenabmessungen groß ist. Auch der schädliche Einfluß des natürlichen Windes ist — z. B. gegenüber der Lilienthalschen Anordnung — verhältnismäßig gering, da die erzielten Eigengeschwindigkeiten sehr hoch sind. L a n c h e s t e r gibt in seinem Werk „Aerodynamik" (übersetzt von C. und A. R u n g e) eine sehr ausführliche Besprechung der Rundlaufapparate von Dines und Langley. Da wohl die meisten, die sich für die Versuche an schräg vom Wind getroffenen Platten interessieren, das genannte Buch kennen werden, wollen wir nur kurz über die Einrichtung der beiden Rundlaufapparate sprechen.

Der Rundlauf von D i n e s wird durch eine Dampfmaschine angetrieben. Die Drehungsgeschwindigkeit zeichnet ein Chronograph auf. Die Platte ist an dem einen Arm eines drehbar gelagerten Winkelhebels befestigt; auf dem anderen Arm sitzt ein Gewicht, das durch seine Zentrifugalkraft der an der Platte angreifenden Windkraft das Gleichgewicht hält. Der Winkelhebel kann mitsamt der Platte um kleine Beträge ausschlagen. Der Hub ist auf beiden Seiten von Anschlägen begrenzt. Berührt der Winkelhebel einen der Anschläge, so wird ein Windrad eingeschaltet, das ein Balanciergewicht so lange verschiebt, bis sich der Arm wieder von dem Anschlag wegbewegt. Wenn der Winkelhebel an den gegenüberliegenden Anschlag anstößt, verschiebt das Windrad das Balanciergewicht in der entgegengesetzten Richtung. Da sowohl die Windkraft als auch die Zentrifugalkraft proportional mit v wachsen, bleibt das Gleichgewicht, das einmal für eine Geschwindigkeit hergestellt ist, auch für jede andere Geschwindigkeit bestehen.

Dines macht auf einen die Messung beeinträchtigenden Nebenumstand aufmerksam: infolge der großen Zentrifugalkräfte wird der Rundlaufarm um einige Grad tordiert. Um den gleichen Betrag ändert natürlich die Platte ihre Einstellung relativ zur Bewegungsrichtung. Für die bestimmte Geschwindigkeit von 64 km/Std. hat Dines die Verdrehung festgestellt. Er untersucht nun alle seine Platten bei dieser einen Geschwindigxeit und berücksichtigt die bekannte Verdrehung bei der Bestimmung des Neigungswinkels α. Dines hat die verschiedensten Platten, Hohlkugeln, Zylinder usw. im Wind untersucht. Die Resultate für seine ebenen Platten sind in der Tafel 1 zu finden. Es wurden dabei Dines' Werte um etwa 10 % niedriger in die Tabelle eingetragen, damit sein Widerstandswert für die senkrecht getroffene Platte mit dem als richtig angenommenen 0,6 übereinstimmt. Es handelt sich um eine quadratische Platte von einem Quadratfuß $= 9{,}3$ qdm Inhalt; der Querschnitt der Platte in Richtung der Bewegung ist ein flaches gleichschenkliges Dreieck, so daß wir von vornherein keine volle Übereinstimmung zwischen Dines' Werten und den unseren erwarten dürfen. Nichtsdestoweniger zeigen die Dinesschen Kurven sehr viel Ähnlichkeit mit unseren Resultaten. Dines hat auch gewölbte Platten untersucht. Er beschränkte seine Messungen in dieser Richtung auf Platten mit quadratischer Projektion. Die Platten waren gefertigt aus biegsamem Stahlblech; die Wölbung wurde erzielt durch zwei dünne Drähte, die die beiden Plattenkanten zusammenzogen.

L a n g l e y läßt seinen Rundlauf ebenfalls durch eine Dampfmaschine antreiben. Die Kraftübertragung auf die Rundlaufwelle geschieht durch ein Vorgelege mit Kegelrädern unter dem Fußboden. Auf den einen Arm des Rundlaufs werden die Meßvorrichtungen samt der Platte gesetzt. Die an der Platte angreifende Windkraft wird durch Federwagen gemessen. Langley setzt die verschiedensten Meßvorrichtungen, mit denen die Meßplatten in Verbindung gebracht werden, auf den Rundlaufarm, um die Fehler, die jeder Meßmethode innewohnen, möglichst zu beseitigen. Ein Apparat, der an dem Ende des Rundlaufarms befestigt ist, dient zur Bestimmung des resultierenden Winddrucks, ein anderer Apparat mißt die beiden Komponenten des Drucks. Weiter setzt Langley auf den Rundlaufarm einen „rollenden Wagen", eine Plattenfallmaschine und anderes. Der Apparat zur Bestimmung des resultierenden Winddrucks besteht aus einem Träger von etwa 2, 3 m Länge, der am Ende des einen Rundlaufarmes — Trägerachse parallel zum Rundlaufarm — sitzt, und der in seiner Mitte um zwei Achsen drehbar gelagert ist. Das vorstehende Ende des Trägers kann nach oben und unten und nach den beiden Seiten hin ausschlagen, wobei sich gleichzeitig das andere Ende, das nach der Rundlaufachse zu liegt, nach der entgegengesetzten Richtung hin bewegt. Auf dem vorstehenden Ende des Trägers sitzt die zu untersuchende Platte; das andere Ende wird durch Federn in einer Mittellage gehalten. Der Winddruck auf die Platte bewirkt ein Ausschlagen der Platte und damit eine Drehung des Trägers um seine Mitte. Die Federn werden dadurch gespannt, und es ist die Windkraft auf die Platte gleich und von entgegengesetzter Richtung mit der Federspannung. Der Ausschlag des Trägerendes wird von einem Bleistift auf ein Blatt Papier aufgezeichnet. Es ist nur noch nötig, bei ruhendem Rundlauf die Kraft zu bestimmen, die die Federn so weit ausschlagen läßt, wie die Aufzeichnung auf dem Papier ergibt. Man erhält damit den resultierenden Winddruck nach Größe und Richtung. Nach Langleys eigenen Angaben hat der vorstehend beschriebene Apparat noch einige Mängel. Es erfuhren deshalb die Messungen, die damit ausgeführt wurden, eine Verbesserung durch den „Komponenten-Meßapparat". Es ist das eine Vorrichtung, die den Auftrieb und den Widerstand der Platte getrennt ermittelt. Der Widerstand wird dabei in ähnlicher Weise wie vorhin durch eine Federspannung gemessen. Um den Auftrieb zu ermitteln, ist der Platte die Bewegungsfreiheit in senkrechter Richtung belassen — der Träger kann sich in seiner Mitte um eine wagrechte Achse drehen. Bei stillstehendem Rundlauf drückt ein Übergewicht auf der Seite, auf der die Platte sitzt, das vorstehende Trägerende nach unten auf einen Anschlag. Nun wird der Rundlauf in Gang gesetzt und die Tourenzahl so hoch gesteigert, bis der Auftrieb der Platte so groß wird wie das genannte Übergewicht. Das Trägerende verläßt dann seine Unterlage, die Platte schwebt. Dasselbe Experiment wird mit den verschiedensten Neigungswinkel der Plattegegen die Fortschreitungsrichtung wiederholt. Auf diese Weise erhält Langley die Geschwindigkeit, die zu dem Auftrieb = Übergewicht gehört, abhängig vom Neigungswinkel α und von der Geschwindigkeit v. Aus seinen Werten folgt, da der Auftrieb proportional v^2 ist, die Abhängigkeit zwischen ζ_A und α. Die Werte, die Langley mit seiner Komponentenmeßvorrichtung ermittelt hat, sind in Fig. 1 abhängig vom Neigungswinkel eingetragen. Langley hat den Widerstandswert $\zeta_{90°}$ für die senkrecht getroffene Platte zu 0,68 bestimmt. Es wurden deshalb seine Resultate mit 0,6/0,68 multipliziert, so daß die Kurve bei 90^0 den Wert $\zeta_{90°} = 0,6$ erreicht. Als besonderes Verdienst Langleys ist hervorzuheben, daß er Versuche an Platten von verschiedenem Seitenverhältnis ausgeführt und den großen Einfluß, den das Seitenverhältnis auf die Windkräfte ausübt, nachgewiesen hat. Es sei noch bemerkt, daß Langley in seiner Veröffentlichung auf die gute Übereinstimmung zwischen seinen Werten und den Koeffizienten der Ducheminschen Formel hinweist.

F. v. Lössl untersucht nur ebene Platten und verwendet zu seinen Messungen einen Rundlauf, der durch Gewichte — ähnlich wie der von Lilienthal — angetrieben wird. Der Apparat ist im Zimmer aufgestellt. Der Durchmesser beträgt etwa 3 m; auf beide Arme wird je eine Meßplatte gesetzt, so daß der Mitwind sicherlich sehr beträchtlich ist. Die Meßplatten sind außerdem im Vergleich zum Rundlaufdurchmesser sehr groß (Länge etwa $^1/_{15}$ des Rundlaufdurchmessers). Die Geschwindigkeit des Apparates beträgt bis 8 m pro Sekunde. Es ist sehr wahrscheinlich, daß der Lösslsche Rundlauf keinen Gleichgewichtszustand erreicht, sondern daß er während des Ablaufens der Gewichte beständig beschleunigt wird. Damit ließen sich wenigstens seine hohen Widerstandswerte erklären. Leider gibt Lössl seine Resultate nur auszugsweise wieder, und zwar nur immer als Bestätigung seiner vorgefaßten Theorie. Von Lössl stammt die „Lufthügeltheorie", die die Strömung um die Platte mit einem Lufthügel auf der Vorderseite und mit scharfen Knicken in den Stromlinien darstellt. Es errechnet sich nach dieser Theorie der Widerstandskoeffizient $\zeta = \zeta_{90°} \sin \alpha$ (α = Neigungswinkel). Die Versuche am Rundlauf sollen eine volle Bestätigung dieser Theorie ergeben haben. Der Widerstandskoeffizient der senkrecht getroffenen Platten wurde dabei zu 1,0 (gegen 0,6) ermittelt. Besser ausgeführt wie seine Rundlaufmessungen sind Lössls Versuche mit einem nach oben gezogenen Wagbalken. Ein symmetrischer Hebelarm ist in der Mitte auf Schneiden gelagert. An seinem einen Ende hängt der Körper, dessen Widerstand gemessen werden soll, auf der anderen Seite ein ebenso schwerer Vergleichskörper von bekanntem Luftwiderstand. Das Schneidenlager wird mitsamt dem Wagbalken an einer Schnur nach oben gezogen. Der Wagbalken schlägt dann nach der Seite aus, auf der der Körper mit dem größeren Luftwiderstand hängt. Man wählt nun in geeigneter Weise immer neue Vergleichskörper, bis die Wage beim Nachobenziehen keinen Ausschlag mehr macht, und hat damit den Vergleichskörper gleichen Luftwiderstandes gefunden. Lössl untersucht mit dem beschriebenen Apparat namentlich den Widerstand von wenig geneigten Platten, ferner von Zylindern, Kugeln usw. Als Vergleichskörper wählt er ebene quadratische Platten, deren Widerstandskoeffizient $\zeta_{90°}$ er zu 1,0 (statt 0,6) bestimmt hat. Es können demnach auch diese Versuche keine richtigen Resultate liefern. In Fig. 1 ist eine Kurve nach der Lösslschen Formel: $\zeta = \zeta_{90°} \sin \alpha = \sin \alpha$ eingetragen. Die Werte sind mit 0,6/1,0 multipliziert, um Übereinstimmung mit den anderen Kurven bei $90°$ zu ergeben.

Mannesmann hat seine Resultate in seiner Dissertation, Tübingen 1897, veröffentlicht. Er benutzte einen Rundlauf von 1,0 m Durchmesser und erreichte damit Geschwindigkeiten bis 25 m/sec. Der Apparat wird von einem Elektromotor in Gang gesetzt. Er ist zum Unterschied von den früher beschriebenen Apparaten sehr klein und hat nur e i n e n Arm, auf dem die Meßplatte sitzt. Der Apparat steht in einem geschlossenen Raum. Der Mitwind, der sicher bei Mannesmanns Apparat recht beträchtlich ist, wird nicht berücksichtigt. Die Resultate werden wahrscheinlich stark beeinflußt von den Drähten, die in der Nähe der Platte angebracht sind, und die die Strömung stören. Untersucht werden kreisförmige Platten und Kugelhauben bei verschiedenen Neigungswinkeln zur Bewegungsrichtung. Die Platten sind längs einer Führung — senkrecht zu ihrer Fläche — beweglich angebracht, und es wird nur die Kraft senkrecht zur Platte gemessen. Ein Seidenfaden wird beim Zurückweichen der Platte unter dem Einfluß der Windkraft gespannt und überträgt die Kraft auf einen zweiten Seidenfaden, der in der Rotationsachse gespannt ist. Dieser zweite Faden hebt ein Gewicht und bewegt gleichzeitig einen Zeiger, der vor einer Skala spielt und das Ablesen der Kraft gestattet. Für die senkrecht vom Wind getroffene Platte hat Mannesmann das seltsame Resultat gefunden, daß der Koeffizient $\zeta_{90°}$ stark von der Größe der Fläche abhängt. So erhält er für eine Kreisfläche von 6,6 cm Durchmesser als Koeffizienten $\zeta_{90°} = 0,64$ und für einen Kreis von 20 cm Durchmesser $\zeta_{90°} = 1,18$. Ich habe auch bei meinen Messungen ein Steigen des Koeffizienten mit der Fläche (und mit v^2) gefunden, aber längst nicht in dem von Mannesmann festgestellten Umfang. Die Resultate Mannesmanns weichen auch sonst ziemlich stark von den neueren Messungen ab.

G. Eiffel. Die besten und sorgfältigsten bisherigen Versuche über den Luftwiderstand sind sicherlich von Eiffel ausgeführt worden. Man findet seine Versuche mit Ergebnissen in dem Werk „Rech. Exp. s. l. Rés. de l'Air" zusammengestellt. Eiffel hat am Eiffelturm vom zweituntersten Stockwerk bis zur Erde ein starkes Seil von 115 m Länge gespannt und dasselbe zur Führung eines Fallapparates benützt. Dieser letztere trägt einen vorragenden Arm, an dem die zu untersuchende Platte befestigt wird. Der Winddruck auf die Platte wird von einer Spiralfeder aufgenommen und der Ausschlag der Feder von einem Schreibstift auf eine Papierrolle aufgezeichnet. Der Schreibstift sitzt dabei an der Spitze einer Stimmgabel und notiert ihre Schwingungen mit auf das Papier. Die Drehung der Rolle wird von einem Rädchen, das auf dem Seil läuft, bewirkt und erfolgt proportional der Entfernung vom Ausgangspunkt. Auf der Schreibtrommel erhält man auf diese Weise eine Kurve mit Vibrationen; es bedeuten die Periodenzahl der Schwingungen in geeignetem Maßstab die Zeit, die Abszissen den Weg und die

Ordinaten den Widerstand in der Bewegungsrichtung. Eiffel hat den Widerstand von verschiedenen Körpern untersucht. Wir beschränken uns hier auf die Wiedergabe seiner Resultate an ebenen Platten — gewölbte hat er nicht untersucht. Den Widerstand für die senkrecht vom Wind getroffene Platte hat Eiffel für den Kreis, das Quadrat und das Rechteck festgestellt. In der folgenden Tabelle findet man seine Resultate für den Koeffizienten ζ_{90}:

Flächeninhalt in qcm	Größe des Koeffizienten $\zeta_{90}{}^0$ bei einem			
	Kreis	Quadrat	Rechteck (Seiten 1:2)	Rechteck (Seiten 1:4)
625	0,546	0,562		0,584
1250	0,570	0,575	0,588	0,597
2500	0,593	0,599	0,602	
5000	0,616	0,620		
10000		0,633		

Es fällt dabei vor allem das Wachsen des Koeffizienten ζ_{90} mit der Fläche auf (bei vierfacher Fläche um 6 bis 8 %). Für die geneigte Fläche haben wir ein ähnliches Resultat erhalten (siehe Tabellen); an senkrecht getroffenen, ähnlichen Platten von verschiedener Größe sind keine Versuche angestellt worden. Bei den geneigten Platten haben wir zum Unterschied von den Eiffelschen Messungen ein etwa ebenso rasches Anwachsen von ζ mit der Geschwindigkeit v wie mit der linearen Abmessung l ermittelt, und das entspricht ja auch der mechanischen Ähnlichkeit[1]). Es liegen meiner Ansicht nach noch zu wenig Versuche vor, um über das Anwachsen von ζ mit der Geschwindigkeit und der Fläche ein einwandfreies Urteil abgeben zu können. Es müssen erst noch genauere Untersuchungen über diesen Gegenstand in weiten Grenzen ausgeführt werden. Die absoluten Werte Eiffels in der Tabelle oben geben wir ohne Kritik wieder. Von allen Messungen sind sie die, die mit den vollkommensten Vorrichtungen erhalten sind, und man muß ihnen deshalb großes Vertrauen schenken.

Für die schräg vom Wind getroffene Platte hat E i f f e l die Formeln aufgestellt:

$$\zeta = \frac{\alpha}{30}\, 0{,}6 \qquad \text{gültig von } 0^0 \text{ bis } 30^0$$

$$\zeta = 0{,}6 = \text{const. gültig von } 30^0 \text{ bis } 90^0 \ (\alpha \text{ in Graden einzusetzen}).$$

Die Werte sind an quadratischen Platten von 50 . 50 cm Seitenlänge gewonnen. Zwischen 30^0 und 50^0 stimmen sie, wie man aus Fig. 1 sieht, nicht mit unseren Zahlen überein. Dafür läßt sich aber der Grund sofort angeben: Eiffel hat zwischen 30^0 und 50^0 keine Messungen ausgeführt und die Kurve in diesem Gebiet nach Gutdünken gezogen. Die einzelnen Zahlenwerte von ihm sind:

α	10^0	20^0	30^0	50^0	70^0	90^0	70^0 (wiederh.)
ζ	0,185	0,393	0,586	0,579	0,594	0,602	0,619

---

[1]) Siehe Seite 39 und 40.

Wir sehen aus Fig. 1, daß diese Werte im einzelnen mit den unserigen sehr gut übereinstimmen. Es sind dort zum Vergleich unsere Zahlen für die ebene Platte 12 . 12 cm eingetragen. $\zeta_{90°}$ wurde für unsere Platte zu 0,556 bestimmt, eine Zahl, die sich den vorhin mitgeteilten Werten von Eiffel sehr gut anschließt. Um nun unsere Resultate mit den Eiffelschen gut vergleichen zu können, sind in Fig. 1 die unserigen mit 0,6/0,556 multipliziert. Es sei aber darauf hingewiesen, daß diese Korrektur auf die Verschiedenheit der Vergleichsflächen zurückzuführen und nach Eiffels eigenen Messungen anzuwenden ist, wenn die Flächen geringer werden. Die starke Abhängigkeit der Windkraft vom Seitenverhältnis bei geneigten Platten hat Eiffel nicht erkannt und seine Messungen in dieser Richtung nur auf die quadratische Platte beschränkt.

Für meine Messungen sind die Eiffelschen Versuche sehr wertvoll, da sie einen Vergleich von Versuchen im Laboratorium und in der freien Luft zulassen.

Ich komme nun noch zu einigen Versuchen der neuesten Zeit, die ich nur kurz behandeln will. Vor allem sind da die Pendelversuche von **Frank** zu erwähnen, der den Luftwiderstand von verschiedenen Körpern untersucht hat. Seine Arbeiten sind in den letzten Jahrgängen der Zeitschr. d. V. d. I. zu finden. Frank hat unter anderem den Reibungswiderstand von Platten untersucht und ζ_R zu 0,00244 ermittelt. Diese Zahl ist mit $\dfrac{\gamma\,v^2}{g}$ und der Oberfläche (also dem doppelten Flächeninhalt) der Platte zu multiplizieren und liefert dann den Widerstand für unendlich dünne Platten bei einer Bewegung in Plattenrichtung. **Lanchester** hat Versuche über den gleichen Gegenstand mit Gleitfliegermodellen ausgeführt und den Koeffizienten ζ_R zu 0,0075 erhalten. Die Abweichungen zwischen diesen beiden Angaben sind sehr groß; sie lassen sich mit der Kleinheit der in Frage kommenden Kräfte erklären. Sicherlich kommt der Franksche Wert der Wirklichkeit näher als der Lanchestersche. Meine Versuche zur Bestimmung des Reibungswiderstandes liefern $\zeta_R = 0{,}0018$, also noch weniger wie der Franksche Wert.

Eiffel hat in der „Technique Aérienne", 1910 Heft 6, Resultate veröffentlicht, die er mit einer der Göttinger Anstalt ähnlichen Versuchseinrichtung gewonnen hat. Seine Veröffentlichung beschränkt sich an dieser Stelle auf eine ebene Platte 15 . 80 cm und eine gewölbte Platte von gleicher Größe und einer Wölbung (Pfeil : Sehne) = 1/13,5. Beim Vergleich seiner Resultate mit unserer ebenen Platte 12 . 84 cm und unserer gewölbten Platte 20 . 105 cm (Pfeil = 1,51 cm) finden wir eine Übereinstimmung bis auf 5—8 %.

Bendemann hat gelegentlich an einem dem Berliner Verein für Luftschiffahrt gehörigen Gleitflugapparat (Doppeldecker mit leicht gewölbten Flächen) Versuche über den Auftrieb und Widerstand gemacht. Der Apparat wurde dabei durch ein Seil an den festen Boden gefesselt und schwebte mit Gewichten belastet im natürlichen Wind. Einige Ergebnisse davon sind in der Z. d. V. d. I. 1910, S. 888 u. ff. veröffentlicht. Bendemanns Vorrichtung ist vielleicht sehr geeignet, den Anschluß von Laboratoriumsversuchen an die Praxis zu erreichen.

A. Boltzmann (Sitzungsb. d. Wiener Akad. 1910) hat Versuche an Platten in einem Rohr von 22 m Länge und 0,5 m Durchmesser, durch das ein Ventilator einen Luftstrom von 2,5 m/sec schickt, angestellt und für die senkrecht getroffene

Platte etwas größere Koeffizienten wie Eiffel (Fallversuche) erhalten. Er beobachtet ein Anwachsen des Koeffizienten mit der Fläche in ähnlichem Verhältnis wie Eiffel und wir.

Damit wollen wir die Zusammenstellung der Experimente beenden und uns der Behandlung der Frage von seiten der theoretischen Aerodynamik zuwenden.

III. Die Strömung um die schräg gestellte Platte in der theoretischen Hydrodynamik.

Die Strömungsvorgänge eines Fluidums zu behandeln gehört zu den interessantesten Aufgaben der angewandten Mathematik, und es sind schon Versuche nach den verschiedensten Richtungen angestellt worden, um der Aufgabe gerecht zu werden.

Der Weg, den eine vollständige Theorie einzuschlagen hat, ist leicht vorgezeichnet: man betrachtet ein Flüssigkeitselement, stellt die Kräfte zusammen, die an ihm wirken, und bringt Kräfte und Beschleunigungen nach der dynamischen Grundgleichung in Beziehung. Es muß ferner zum Ausdruck gebracht werden, daß bei der Bewegung der Raum lückenlos ausgefüllt bleibt. Man erhält so die Kontinuitätsgleichung und für die drei Koordinatenrichtungen 3 dynamische Differentialgleichungen, die für vorgeschriebene Randbedingungen zu integrieren sind. Es zeigt sich aber, daß die Integration im allgemeinen nicht möglich ist. Man wird gezwungen, Vereinfachungen an den Differentialgleichungen vorzunehmen. Die Vereinfachungen bedeuten aber, ins Physikalische übersetzt, daß der Flüssigkeit Eigenschaften beigelegt werden, die ihr nicht zukommen; d. h. die Strömung der wirklichen Flüssigkeit wird verglichen mit der Strömung eines theoretischen Fluidums, das zum Teil andere Eigenschaften als die Flüssigkeit hat. Es muß natürlich das Bestreben der Theorie sein, die Ähnlichkeit zwischen Fluidum und wirklicher Flüssigkeit möglichst weitgehend zu machen.

Die Frage liegt nahe: welche Eigenschaften der Flüssigkeit kommen bei der Strömung um ein Hindernis in Betracht? Vor allem ist da die Kontinuität zu nennen. Flüssigkeit verschwindet an keiner Stelle des Raums, oder die innerhalb eines Zeitintervalls in ein Raumteilchen eintretende Flüssigkeit, vermindert um die austretende Flüssigkeit, ist gleich der Vermehrung des Flüssigkeitsgehaltes im Raumteilchen. Die Kontinuität ist für die wirkliche Flüssigkeit natürlich streng erfüllt. Dem theoretischen Fluidum wird diese Forderung durch die Kontinuitätsgleichung auferlegt, der die Lösung genügen muß. Bezeichnet man mit u, v und w die Geschwindigkeiten in den Koordinatenrichtungen x, y, z und mit ρ die Dichte, so lautet die Kontinuitätsgleichung:

$$\frac{\partial(\rho u)}{\partial x} + \frac{\partial(\rho v)}{\partial y} + \frac{\partial(\rho w)}{\partial z} = - \frac{\partial \rho}{\partial t}.$$

Eine weitere Eigenschaft der Flüssigkeit, die hier zu nennen ist, ist die Abhängigkeit der Dichtigkeit vom Druck. Die theoretische Hydrodynamik ist genötigt, diese Abhängigkeit unberücksichtigt zu lassen, sie rechnet also mit einer imkompressiblen Flüssigkeit. Wenn man sich unter der Flüssigkeit Wasser vorstellt, ist die Vernachlässigung fast ohne Bedeutung, da ja die Kompressibilität des Wassers nur sehr gering ist. Aber auch in der Aerodynamik ist bei den für gewöhnlich vorkommenden Geschwindigkeiten die Vernachlässigung von untergeordneter Wichtigkeit, wie wir für unsere speziellen Verhältnisse nachweisen wollen. Die Geschwindigkeiten, die bei uns zur Verwendung kamen, waren unter 9 m/sec, die Geschwindigkeitshöhen $\frac{\gamma\, v^2}{2\,g}$ unter 5 mm Wassersäule; eine Vermehrung des Luftdrucks um die Geschwindigkeitshöhe hat also nur eine Volumänderung von weniger als $^1/_2{}^0/_{00}$ zur Folge. Die Zusammendrückbarkeit der Luft hat demnach in der Tat bei den vorliegenden Versuchen nur verschwindend wenig Einfluß auf die Strömung.

Eine viel folgenschwerere Vernachlässigung, die die Theorie zu machen gezwungen ist, bedeutet die der Reibung. Örtliche Geschwindigkeitsunterschiede haben in einer Strömung, wie man aus Versuchen weiß, Reibung im Gefolge, und zwar nimmt man die Größe der Reibungskraft unabhängig vom Druck und proportional der ersten Potenz der Geschwindigkeit der Winkeländerung an. Das Vorhandensein von Flüssigkeitsreibung bewirkt, daß die kinetische Energie, die einer Flüssigkeitsmenge mitgeteilt worden ist — z. B. dadurch, daß ein Körper durch die Flüssigkeit gedrungen ist — allmählich in Wärme umgesetzt wird. Ohne Reibung kann die Bewegung, die einmal in eine abgeschlossene Flüssigkeitsmenge gekommen ist, nicht mit der Zeit verschwinden, es sei denn, daß äußere Kräfte einwirken. Die stationäre Strömung eines reibungsfreien Fluidums um einen Körper hat demnach, wenn man von der Annahme, daß Energie beständig ins Unendliche getragen wird, absieht, zur Folge, daß durch den Körper keine Energie auf die Flüssigkeit übertragen wird, d. h. daß der Körper keinen Widerstand erfährt. Man sieht aus dieser Betrachtung, wie wesentlich die Reibung die Flüssigkeitsströmung beeinflußt. Trotz dieser Erkenntnis ist es nötig, reibungsfreie Flüssigkeit vorauszusetzen, da man sonst die Differentialgleichungen der Bewegung nicht lösen kann.

In unserem speziellen Fall der Strömung um eine Platte machen wir noch eine weitere Vereinfachung: wir nehmen nämlich für die theoretischen Betrachtungen an, daß die Platte unendlich breit sei, und vergleichen damit die aus unseren Versuchen für die unendlich breite Platte extrapolierten Werte.

Nach dem Vorstehenden gehen wir dazu über, die Bewegungsgleichungen für ein Flüssigkeitselement in der Eulerschen Form anzugeben:

$$\frac{\partial u}{\partial t} + u \cdot \frac{\partial u}{\partial x} + v \cdot \frac{\partial u}{\partial y} = -\frac{1}{\rho} \cdot \frac{\partial p}{\partial x}$$

$$\frac{\partial v}{\partial t} + u \cdot \frac{\partial v}{\partial x} + v \cdot \frac{\partial v}{\partial y} = -\frac{1}{\rho} \cdot \frac{\partial p}{\partial y} - g.$$

Dazu die nach den vorausgehenden Vernachlässigungen vereinfachte Kontinuitätsgleichung:

$$\frac{\partial u}{\partial x} + \frac{\partial v}{\partial y} = 0.$$

Die Lösung dieser Gleichungen für die unter beliebigen Winkeln angeströmte ebene Platte findet sich in L a m b s Hydrodynamik. Versteht man unter ψ die Stromfunktion (ψ = konst. Stromlinien), dann ist

$$\psi = c \cdot u_0 \sin h \, \xi \sin \eta - c \, v_0 \sin h \, \xi \cos \eta$$

dabei ist u_0 die Strömungsgeschwindigkeit in Plattenrichtung und v_0 senkrecht dazu (also v_0/u_0 ist gleich tg α). ξ und η sind elliptische Koordinaten; sie sind mit den rechtwinklichen Koordinaten x und y verbunden durch

$$x = c \cos h \, \xi \cos \eta$$
$$y = c \sin h \, \xi \sin \eta.$$

Die Strömung, die durch die vorstehenden Gleichungen festgelegt ist, ergibt nur ein Drehmoment, aber keine resultierende Kraft auf die Platte. Darin liegt natürlich eine schlechte Übereinstimmung mit der Wirklichkeit, und es ist klar, daß man nach einer Methode gesucht hat, die der Aufgabe besser gerecht wird.

Um eine Kraft auf die Platte zu erhalten, nehmen H e l m h o l t z und K i r c h - h o f f an, daß hinter der Platte die Flüssigkeit ruhe. Die ruhende Flüssigkeit ist auf der einen Seite von der Platte begrenzt und erstreckt sich auf der anderen Seite ins Unendliche. Oben und unten wird sie durch Diskontinuitätsgrenzen von der bewegten Flüssigkeit geschieden, die von den beiden Plattenkanten ausgehen und sich ins Unendliche erstrecken. Innerhalb der ruhenden Flüssigkeit ist der Druck überall von gleicher Größe. Die anströmende Flüssigkeit teilt sich auf der Vorderseite der Platte und strömt nach beiden Seiten zuerst längs der Oberfläche der Platte und dann längs der Diskontinuitätsgrenze hin. Es findet ein plötzlicher Übergang von der ruhenden zur bewegten Flüssigkeit statt. Der Druck dagegen ändert sich über die Diskontinuitätsgrenze hinweg kontinuierlich. Längs der Grenze ist also in der bewegten Flüssigkeit der gleiche Druck wie in der ruhenden vorhanden. Die Druckkraft P auf die Platte errechnet sich abhängig vom Winkel nach Lord R a y l e i g h zu

$$P = \frac{\pi \cdot \sin \alpha}{4 + \pi \cdot \sin \alpha} \cdot \frac{\gamma}{g} \cdot v^2 \cdot F,$$

wobei v Stromgeschwindigkeit und F Plattenfläche bedeuten. In Fig. 9 ist der Koeffizient ζ, der mit $\dfrac{\gamma \, v^2}{g}$ und mit der Fläche multipliziert den Widerstand ergibt, abhängig vom Neigungswinkel eingetragen. Wie man sieht, stimmt diese Kurve mit der für die unendlich breite ebene Platte aus unseren Versuchswerten extrapolierten Kurve schlecht überein. Es ist das nicht zu verwundern, da die wirkliche Strömung hinter der Platte durchaus keine ruhende Flüssigkeit aufweist. Versuche mit Rauchfäden zeigen vielmehr, daß die Flüssigkeit auf der Rückseite in stark wirbelnder Bewegung begriffen ist.

In neuerer Zeit ist die Behandlung der Frage nach der Strömung, um die geneigte Platte durch die Entwicklung der Flugtechnik in ein neues Stadium getreten. Wir haben in den letzten Jahren die mächtige Entwicklung der Flugmaschinen erlebt. Das Prinzip des dynamischen Fluges beruht aber darauf, daß unter geringem Winkel geneigte ebene oder gewölbte Flächen gegen die Luft bewegt und die Auftriebskräfte zum Tragen von Menschen und Material benützt werden. Die Frage nach den Kräften für die w e n i g geneigte Platte bekam daher auf einmal großes praktisches Interesse. Nun ist der Widerstand, den ein Körper bei der Bewegung in einem Fluidum erfährt, gleich dem Integral über die Drücke auf seiner Oberfläche — von der sehr geringen Oberflächenreibung sol dabei abgesehen werden —. Daraus folgt, daß mit der eben erwähnten Vernachlässigung die Resultierende auf der ebenen Platte senkrecht und auf der Sehne der schwachgewölbten Platte nahezu senkrecht stehen muß. Bei kleinen Neigungen der Platte ist demnach der Auftrieb viel größer als der Widerstand (für die ebene Platte ist der Auftrieb $= R \cos \alpha$ und der Widerstand $= R \sin \alpha$). Damit bot sich aber für die T h e o r i e ein neuer Weg. Man verzichtet von vornherein darauf, aus den Formeln einen Widerstand zu erhalten, und begnügt sich damit, den Auftrieb nach Möglichkeit übereinstimmend mit den Versuchsergebnissen zu finden. Eine Kraft senkrecht zur Strömung ist aber im reibungsfreien theoretischen Fluidum möglich, da sie keine Energie in die Strömung bringt, und man erhält sie durch Zusammensetzen von gewöhnlicher Parallelströmung (Geschwindigkeit v) mit der Zirkulationsströmung c. Unter Zirkulationsströmung ist dabei die Potentialströmung in geschlossenen Kurven um einen Punkt, eine Strecke oder eine Fläche verstanden. Die Zirkulationsströmung um einen Punkt (bzw. eine Kreisfläche) verläuft in konzentrischen Kreisen mit einer Geschwindigkeit, die proportional dem Radius r abnimmt. Das Geschwindigkeitspotential Φ und die Stromfunktion Ψ lauten für die Zirkulation um einen Punkt: $\Phi = c \varphi$ und $\Psi = \ln r$ (Zylinderkoordinaten r und φ).

Wir wollen für die Zusammensetzung von Parallelströmung v und Zirkulation c um einen Punkt (bzw. im dreidimensionalen Raum eine Gerade) nachweisen, daß eine Kraft senkrecht zur Parallelströmung und proportional $v \cdot c$ resultiert. Es läßt sich dann leicht übersehen, daß eine ähnliche Kraft bei einer Strömung mit Zirkulation um einen Zylinder (Lord R a y l e i g h) oder eine gewölbte Platte (Prof. K u t t a) auftritt. In Fig. 8 ist die Zirkulation um den Punkt P und die Parallelströmung eingezeichnet. Das Zustandekommen der Kraft senkrecht zu v für die zusammengesetzte Strömung macht man sich am besten mit dem Impulssatz klar, der für stationäre Strömungen gilt, und mit dessen Hilfe es möglich ist, Kräfte und Impulsgrößen, die für ein abgeschlossenes Gebiet in Betracht kommen, miteinander in Beziehung zu bringen. Wir grenzen durch zwei Gerade A und B, die senkrecht zur Parallelströmung stehen und von P gleich weit entfernt sind, ein Stück ab und betrachten den Raum zwischen den beiden Geraden als den Körper.

Um den nun folgenden Gedankengang besser verständlich machen zu können, wollen wir ein konkreteres Beispiel vorausschicken: Ein Lastkahn möge im Wasser liegen, ohne mit dem festen Boden in Verbindung zu sein. Vom Land her soll beständig Sand auf den Kahn geschaufelt werden, wobei dem Kahn ein Impuls in horizontaler Richtung mitgeteilt wird. Damit die Masse des Kahnes samt Ladung nicht geändert wird, möge gleichzeitig ein Mann aus dem Kahne dem Gewicht nach so viel Wasser herauspumpen, als Sand zugefügt wird. Wenn ich nun die Beschleunigung, die der Kahn erleidet, berechnen will, habe ich außer den Kräften, die an ihm wirken (Wind- und Wasserdruck usw.), die Impulsgrößen der sekundlich zugefügten bzw. weggeschleuderten Sand- und Wassermengen zu berücksichtigen.

Kehren wir nun wieder zu unserer Aufgabe zurück! Dem Kahn samt Ladung entspricht der Raum A B samt der eingeschlossenen Flüssigkeit. Die Masse bleibt konstant, da Zu- und Abfluß gleich sind. Ohne Einfluß ist dabei der Umstand, daß bei uns die gesamte Masse in der in A B enthaltenen Flüssigkeit liegt, während in dem Beispiel ein Teil der Gesamtmasse dem Kahn selbst zukam und der

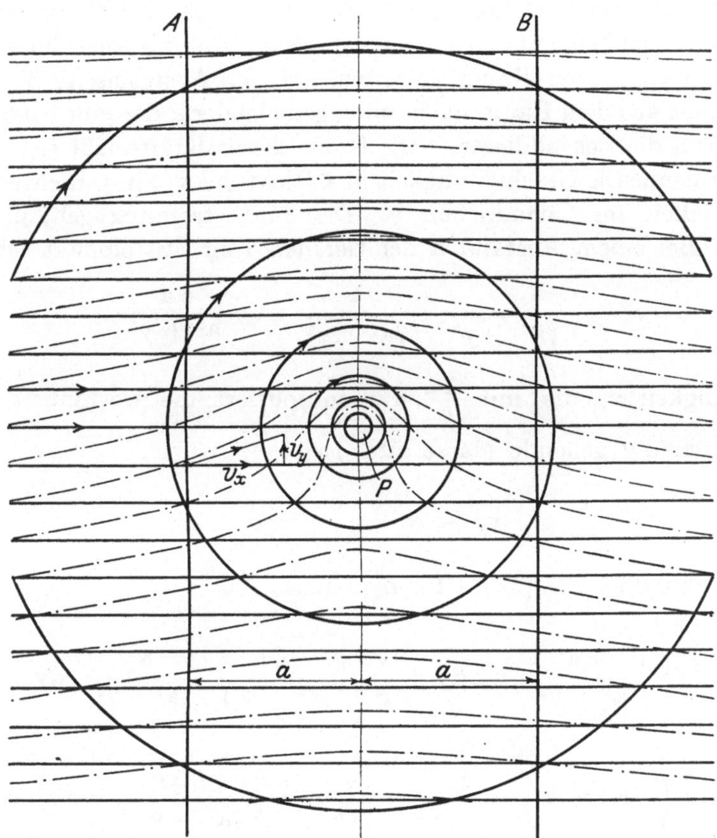

Fig. 8. Die strichpunktierten Linien geben die Stromlinien für die Zusammensetzung von Zirkulations- und Parallelströmung.

Rest auf den Inhalt traf. Der Raum A B ruht, folglich müssen die Kräfte mit den Impulsgrößen im Gleichgewicht stehen. In Richtung der Parallelströmung kommen an Kräften zuerst die Drucke in den beiden Grenzen A und B in Betracht. Da aber der Abstand der beiden Geraden von P gleich ist, ist an entsprechenden Punkten die Geschwindigkeit und deshalb auch der Druck gleich groß (die rechte Seite ist ja das Spiegelbild der linken). Es heben sich demnach die Drucke auf die beiden Grenzen gegenseitig auf. Weiter sind in dieser Richtung Impulsgrößen zu berücksichtigen. Auf der Anströmseite wird in den Raum beständig Flüssigkeit hineingeworfen. Der Impuls dieser Flüssigkeit ergibt eine Kraft auf den Raum, die ihn mit dem Strom zu führen sucht. Es wirkt jedoch auf der Abströmseite eine ebenso große Kraft in entgegengesetzter Richtung, die dadurch zustande kommt, daß mit dem gleichen Impuls Teilchen aus dem Raum in Stromrichtung herausgeschleudert werden. Es heben sich demnach auch die Impulskräfte in Stromrichtung heraus.

Ich komme nun dazu, die Kräfte senkrecht zur Stromrichtung zu untersuchen. Druckkräfte in dieser Richtung werden nur auf die beiden unendlich fernen Grenzen, die parallel zur Stromrichtung im Unendlichen liegen, ausgeübt. Da im Unendlichen die Geschwindigkeit konstant ist, ist der Druck überall gleich und der Gesamtdruck, der von beiden Grenzen herrührt, Null. Auf der Anströmseite werden Teilchen nach oben in den Raum geworfen, auf der Abströmseite Teilchen mit demselben Impuls aus dem Raum nach unten geschleudert; das gibt beides Impulskräfte nach oben, die sich addieren. Die Größe dieser Kräfte läßt sich sofort anschreiben. Ich nenne die Geschwindigkeit in x Richtung v_x, in y Richtung v_y und die Geschwindigkeit im Unendlichen v. Die Parallströmung geht in Richtung der x-Achse. Bei einem Abstand a der Geraden vom Mittelpunkt ist:

$$v_y = \frac{c}{\sqrt{a^2 + y^2}} \cdot \frac{a}{\sqrt{a^2 + y^2}} = \frac{c\,a}{a^2 + y^2}$$

Die Geschwindigkeit v_x, die, mit $\dfrac{\gamma}{g} \cdot d\,y$ multipliziert, die pro Einheit der Breite sekundlich durch d y gehende Masse gibt, ist:

$$v_x = v + \frac{c \cdot y}{a^2 + y^2};$$

demnach der sekundliche Impuls J für die Grenze A:

$$J = \frac{\gamma}{g} \int_{-\infty}^{+\infty} \frac{c\,a}{a^2 + y^2} \cdot v \cdot dy + \frac{\gamma}{g} \cdot \int_{-\infty}^{+\infty} \frac{c\,a}{(a^2 + y^2)} \cdot \frac{c\,y}{(a^2 + y^2)} \cdot dy$$

$$= \frac{\gamma}{g} \cdot c \cdot a \cdot v \int_{-\infty}^{+\infty} \frac{dy}{a^2 + y^2} + \frac{\gamma}{2\,g} c^2\, a \int_{-\infty}^{+\infty} \frac{d\,(y^2)}{(a^2 + y^2)^2}$$

$$= \frac{\gamma}{g} \cdot c \cdot a \cdot v \cdot \frac{1}{a} \left[\operatorname{arc\,tg} \frac{y}{a} \right]_{-\infty}^{+\infty} - \frac{\gamma}{2\,g} c^2\, a \left[\frac{1}{a^2 + y^2} \right]_{-\infty}^{+\infty} \quad *)$$

$$= \frac{\gamma}{g} \cdot c \cdot v \left[\frac{\pi}{2} + \frac{\pi}{2} \right] = \frac{\gamma}{g} \cdot c \cdot v \cdot \pi$$

---

*) Das Glied $\left[\dfrac{1}{y^2 + a^2} \right]_{-\infty}^{+\infty}$ gibt bei der Integration den Wert 0, weil $\int \dfrac{y \cdot dy}{(a^2 + y^2)^2}$ von — ∞ bis 0 und von 0 bis + ∞ integriert, gleiche Beiträge mit verschiedenen Vorzeichen liefert.

also die gesamte Kraft von beiden Seiten herrührend:

$$P = 2\pi \cdot \frac{\gamma}{g} c \cdot v$$

Für den behandelten Fall haben wir also eine Strömung mit einer Kraft senkrecht zur Stromrichtung. Nehmen wir statt des Punktes einen Kreis — im dreidimensionalen Raum einen Zylinder —, so erhalten wir das gleiche Resultat. Es kommt dann zu der Parallelströmung noch ein Glied $\rho^2 \dfrac{y^2 - a^2}{(y^2 + a^2)^2}$ hinzu ($\rho =$ Zylinderradius). Wenn man diesen Ausdruck mit $v_y = \dfrac{c\,a}{a^2 + y^2}$ multipliziert und von $-\infty$ bis $+\infty$ integriert, so erhält man den Beitrag Null zum Impulstransport. Wir haben also auch für die Strömung um den Zylinder mit Zirkulation den Auftrieb $= 2\pi \cdot \dfrac{\gamma}{g} \cdot c \cdot v$.

Von der Strömung um den Zylinder geht die K u t t a sche Theorie aus.

Prof. Kutta ist es gelungen, die eben erwähnte Potentialströmung konform auf eine Ebene abzubilden, so daß dem Kreis ein Kreisbogen, der erst in der einen und dann in der andern Richtung durchlaufen wird, entspricht. Kutta hat ferner gezeigt, daß für die so erhaltene Strömung um die gewölbte Schale der Auftrieb wie beim Zylinder $= 2\pi \cdot \dfrac{\gamma}{g} \cdot c \cdot v$ wird. Dabei ist zu beachten, daß für eine bestimmte Parallel-Geschwindigkeit v die Größe des Auftriebs nach der obigen Formel nicht festgelegt ist, sondern noch von der Wahl der Zirkulation abhängt. Kutta beseitigt diese Unbestimmtheit, indem er c so annimmt, daß an der hinteren Kante die unendliche Geschwindigkeit, hervorgerufen durch die Zirkulation, und die, hervorgerufen durch die Parallelströmung, gleich groß werden. Da sie von entgegengesetzter Richtung gewählt werden, heben sie sich auf, und es findet kein Strömen um die hintere Kante statt. Die Geschwindigkeit der längs der oberen Seite und die der längs der unteren Seite hinströmenden Flüssigkeitsteilchen sind an der hinteren Seite gleich. Damit ist für jeden Neigungswinkel α das Verhältnis von v zu c vorgeschrieben, und es gehört für eine bestimmte Platte zu jedem α nur immer ein Wert von dem vorhin erwähnten Koeffizienten ζ. Steht die Sehne der Platte parallel zur Stromrichtung, so erlischt aus Symmetriegründen auch an der vorderen Kante die unendliche Geschwindigkeit. Ist die Schale geneigt, so daß sie ihre hohle Seite der Strömung zeigt, so ist der Punkt, wo sich die strömende Flüssigkeit teilt, auf der hohlen Seite; um die vordere Kante findet dann ein unendlich rasches Strömen von der konkaven zur konvexen Seite statt.

Mit der Kuttaschen Annahme errechnet sich der Auftriebskoeffizient ζ_A, der mit $\dfrac{\gamma\,v^2}{g}$ · Fläche multipliziert den Auftrieb ergibt, zu:

$$\zeta_A = 2\pi \frac{\sin \dfrac{\beta}{2}}{\sin \beta}; \; \sin\left(\frac{\beta}{2} + \alpha\right),$$

dabei ist unter β der halbe Zentriwinkel des Bogens — kreisbogenförmige Wölbung wird vorausgesetzt — und unter α der Neigungswinkel der Schale verstanden. Wir haben nun in Fig. 9 die sich auf die Kuttasche Methode ergebenden und die aus unseren Versuchen für die unendlich breite Platte extrapolierten Auftriebskoeffizienten abhängig vom Neigungswinkel eingezeichnet. Unsere Versuchswerte ergeben zwischen 6⁰ und 8⁰ einen starken Knick in den Auftriebskurven, dem eine

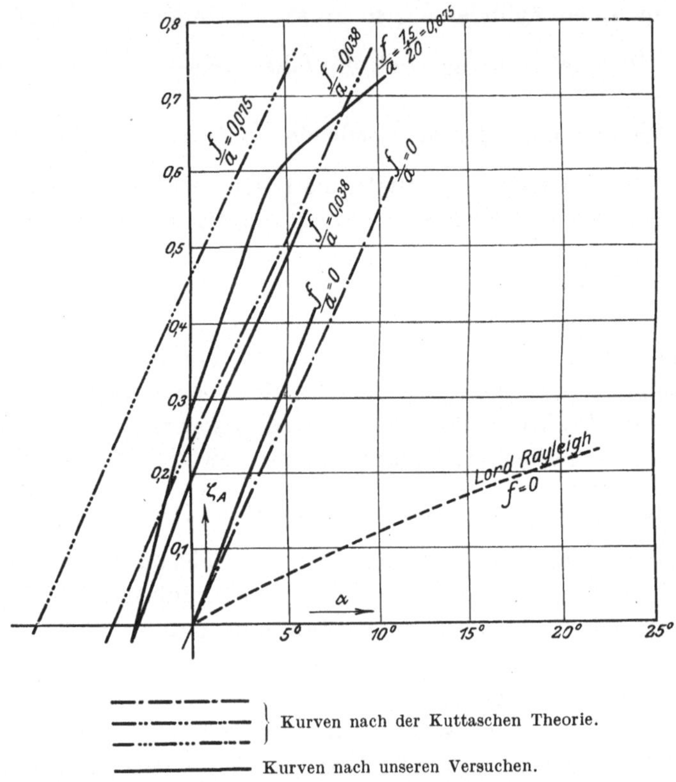

} Kurven nach der Kuttaschen Theorie.

—— Kurven nach unseren Versuchen.

Fig. 9. Vergleich der theoretisch und praktisch gewonnenen Ergebnisse.

Änderung im Strömungsvorgang entspricht. Nur bis hierher lassen sich theoretische und praktische Resultate vergleichen, da die theoretische Strömung an dieser Stelle keine Änderung in ihrem Gesetz bringt. Aber auch in dem Gebiet bis 6⁰ oder 8⁰ weichen die theoretischen und die praktischen Kurven $\zeta = f(\alpha)$ ziemlich stark von einander ab.[1]) Die Theorie liefert für stärker gewölbte Platten größere Auftriebskoeffizienten wie die Praxis.

Der naheliegendste Grund, den man für die Abweichungen der theoretischen von den praktischen Werten angeben kann, ist offenbar der folgende: Die Theorie ergibt, wie vorhin gesagt wurde, ein Strömen um die Vorderkante von unendlicher Geschwindigkeit. In der Wirklichkeit ist das nicht möglich, und es ist leicht einzu-

---

[1]) Die Kuttasche Theorie liefert trotzdem noch weitaus die beste Übereinstimmung mit der Praxis.

sehen, daß die dadurch notwendigerweise anders gestaltete Strömung an der Vorderkante auf das ganze Strombild Einfluß hat. Damit wird aber eine Änderung des Verhältnisses Zirkulation: Geschwindigkeit im Unendlichen herbeigeführt, dem wiederum ein anderer Auftrieb entspricht.

Die Komplikation durch die unendliche Geschwindigkeit kommt, wie wir vorhin sahen, in Wegfall, wenn die Sehne parallel zur Stromrichtung steht. Die Kuttasche Strömung liefert für diesen Fall ein Anströmen gegen die vordere und ein Abströmen von der hinteren Kante in Richtung der beiden Tangenten: Es bleiben die Geschwindigkeiten überall endlich. Wir haben hier eine einwandfreie Potentialströmung. Vergleichen wir aber die theoretischen Werte mit den Versuchsresultaten, so finden wir auch bei $\alpha = 0^0$ beträchtliche Abweichungen, und wir sehen damit, daß die unendliche Geschwindigkeit nicht der einzige Grund für die mangelnde Übereinstimmung von Theorie und Praxis sein kann. Wir werden darauf hingewiesen, daß die Annahme von reibungslosem Fluidum ein quantitativ anderes Strombild mit bedeutend größerem Auftrieb liefert wie die tatsächliche Flüssigkeit. Eine theoretische Lösung mit Kraftergebnissen, die der Wirklichkeit vollständig entsprechen, läßt sich nur so denken, daß die Flüssigkeitsreibung in irgendeiner Weise mit berücksichtigt sein muß.

Der erste Ansatz nach dieser Richtung hin ist von Prof. P r a n d t l gemacht worden, der in seiner „Grenzschichtentheorie" die Vorgänge in einer Flüssigkeit mit sehr kleiner Reibung in der Nähe des umströmten Körpers untersucht[1]). Es ist sehr nützlich, einmal an Hand der Grenzschichtentheorie die Kuttasche Strömung zu untersuchen. Wir wollen dabei wieder die Annahme $\alpha = 0^0$ voraussetzen.

Der Gedankengang, der der Grenzschichtentheorie zugrunde liegt, ist der folgende: Die innere Reibung der Flüssigkeit ist klein — so klein, daß die Potentialströmung der anströmenden Flüssigkeit nicht merklich beeinflußt wird. An der Wand haftet die Flüssigkeit. Der Übergang von der ruhenden Flüssigkeit am Körper zu der Potentialströmung findet dann in einer dünnen Grenzschicht statt. Für die Grenzschicht werden die hydrodynamischen Gleichungen mit Berücksichtigung der Reibung aufgestellt und daran Vernachlässigungen, die sich aus der Annahme von sehr kleiner Reibung (bzw. sehr dünner Grenzschicht, was dasselbe bedeutet) ergeben, vorgenommen. Dabei stellt sich heraus, daß der Druck durch die Grenzschicht ungeändert bleibt, daß also der Druck an der Wand von der Potentialströmung eingeprägt wird. Findet nun ein örtlicher Druckanstieg in der Potentialströmung und damit auch in der Grenzschicht statt, so büßen die Flüssigkeitsteilchen, die im Gebiet der Potentialströmung fließen, von ihrer Geschwindigkeit ein, diejenigen in der Grenzschicht aber, die schon geringere Geschwindigkeit hatten, werden bis zur Ruhe verzögert und, wenn der Druckanstieg groß genug ist, zur Umkehr veranlaßt. Damit ist aber die Ablösung der Strömung von der Wand eingeleitet.

Bei der Kuttaschen Strömung um die gewölbte Schale mit zur Stromrichtung paralleler Sehne ist der Druck an beiden Kanten gleich. Auf der Oberseite

---

[1]) Verhandl. d. Intern. Math. Kongr. 1904.

nimmt er nach der Mitte hin ab, auf der Unterseite zu. Wir haben also oben den Ablösungsbeginn zwischen Mitte und Hinterkante und unten zwischen Vorderkante und Mitte zu erwarten. Hinter der Ablösungsstelle setzt sich ein Wirbel an, und die Strömung wird verändert. Diese Veränderung muß sich auf das ganze Strömungsgebiet, also auch auf die Strömung vor der Platte erstrecken. Man wird zu dieser Annahme gezwungen, wenn man berücksichtigt, daß die Kutta schen Koeffizienten für $\alpha = 0^0$ und einem Verhältnis Pfeil : Sehne von über 1 : 12 mehr als doppelt so groß sind als unsere Versuchswerte. Durch die Gerade A in Fig. 8 findet aber schon ein Impulstransport statt, der die Hälfte des Kuttaschen Auftriebs zur Folge hat. Und das bedingt eine größere Kraft, als die Versuche ergeben. Es kann deshalb auch das Anströmen der Flüssigkeit bei Platten von stärkerer Wölbung quantitativ nicht nach den theoretischen Ergebnissen erfolgen.

Wir sehen, daß sich in keinem Fall eine einigermaßen vollkommene Übereinstimmung von Theorie und Praxis erreichen läßt. Man darf das auch gar nicht erwarten. Die Strömung der reibungslosen Flüssigkeit um Kugel, Zylinder und ebene Platte —im letzteren Fall auch mit Diskontinuitätsflächen — sind schon längst bekannt; sie liefern keinen Anhalt für die Größe der tatsächlich auftretenden Kräfte. Im Vergleich zu diesen Theorien kommen die Zahlenwerte der Kuttaschen Strömung um die gewölbten Platten — namentlich für geringe Wölbung — der Wirklichkeit recht nahe. Der Hauptwert der theoretischen Strombilder ist sicherlich der, daß sie qualitativ richtige Schlüsse auf die tatsächliche Strömung zulassen. Quantitativ richtige Resultate wird uns die Theorie kaum in der nächsten Zeit liefern können; denn einerseits ist die Vernachlässigung der Reibung von zu großem Einfluß auf die Resultate, andererseits bietet die Berücksichtigung der Reibung bis jetzt noch zu viele Schwierigkeiten. Der Theorie muß deshalb die Aufklärung über das Zustandekommen des Strombildes, dem Versuch die Ermittlung der Kräfte vorbehalten sein.

IV. Die Platte im Versuchskanal.

Eine Beschreibung der Modellversuchsanstalt, in der die vorliegenden Versuche ausgeführt worden sind, ist wohl an dieser Stelle nicht nötig. Ich verweise auf die Beschreibung, die der Erbauer der Anstalt Herr Prof. P r a n d t l, in der Z. d. V. d. I. 1909, Seite 1711, gegeben hat. Nur so viel will ich erwähnen daß es gelungen ist, in einem Kanal von 2×2 m Querschnitt einen gleichmäßigen Luftstrom von einer Geschwindigkeit bis zu 10 m/sec zu erzeugen. Wie Versuche mit Rauchfäden[1]) gezeigt haben, strömt die Luft durch den Kanal gleichmäßig und fast ohne Wirbelbildung dahin. Die zu untersuchende Platte wird in den Kanal gehängt. Die Kräfte, die an ihr angreifen, werden an Wagen abgelesen.

---

[1]) In der Weise vorgenommen, daß der Luft beim Eintritt in den eigentlichen Versuchskanal an irgend einer Stelle Salmiaknebel zugeführt werden. Es zeigt sich dann, daß sich der Rauch nicht zerstreut, sondern sich als ein zusammenhängender Streifen durch den Kanal zieht.

1. Die Aufhängung im Kanal.

Eine schematische Darstellung von der Aufhängung der Platte ist in Fig. 10 wiedergegeben. Die Platte ist mit den 6 je 0,15 mm starken Drähten 2, 2, 2, 2, 3, 3 verbunden. Die Drähte gehen nicht direkt zur Decke, sie hängen vielmehr an den Hebelarmen $h_2 h_3 \ldots$ der um $l_2 l_3 \ldots$ drehbaren Wellen w_2 und w_3. Die beiden Wellen tragen an ihren äußeren Enden zwei weitere Hebelarme a_2 und a_3, und von diesen führen Stangen s zu den Wagen II und III. Die Wagen selbst bestehen aus je einem Waghebel, der auf Schneiden drehbar gelagert ist. Durch Verschieben der Gewichte g wird der Zug in den Stangen s ausgeglichen, so daß ein kleiner Zeiger vor einer Skala auf 0 einspielt. Diese Einstellung wird vorgenommen, während

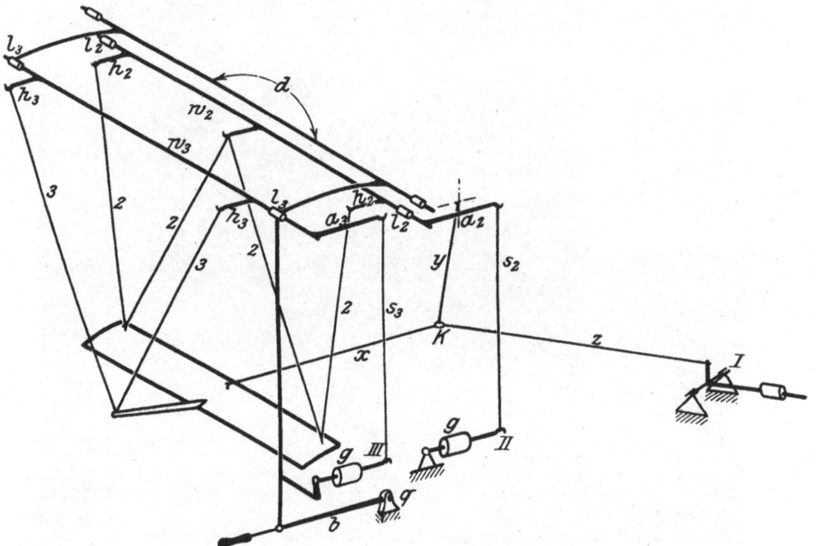

Fig. 10. Prospektivische Ansicht der aufgehängten Platte.

die Luft ruht. Wird nun der Wind angestellt, so erfährt die Platte einen Auftrieb, von dem der eine Teil durch die Drähte 2, 2 . . . auf die Welle w_2 und durch die Stange s auf die Wage II übertragen wird. Es muß nun g so lange verschoben werden, bis die Wage II einen neuen Gleichgewichtszustand eingenommen hat, und der Zeiger wieder auf 0 einspielt. Der Wagbalken ist mit einer Teilung versehen, auf der die Verschiebung von g, die zum Herstellen des neuen Gleichgewichtszustandes nötig war, abgelesen wird. Da das Gewicht von g und die Hebellängen bekannt sind, läßt sich aus der Verschiebung die Größe der hinzukommenden Kraft angeben. Die Genauigkeit, mit der die Wägung geschieht, läßt sich leicht durch Anhängen von Gewichten an die Platte statisch nachkontrollieren. Die gleiche Messung wird mit der Wage III ausgeführt. Man erhält dann den Auftrieb in zwei Komponenten, die in bekannter Weise zu einer Resultierenden zusammengesetzt werden.

Durch die Aufhängung an den 6 Drähten sind der Platte 5 Freiheitsgrade genommen — die 4 in einer Ebene liegenden Drähte 2, 2 . . . . haben nur Einfluß auf 3 Freiheitsgrade —. Die Bewegung in Windrichtung, also senkrecht zu den

Drähten, ist noch möglich. Sie wird aufgehoben durch den Draht x, der in Richtung der Kanalachse zu dem Knotenpunkt K führt. Von K aus ist Draht y zur hinteren Kanalwand gezogen, während Draht z durch ein Loch in der vorderen Kanalwand in den Beobachtungsraum geführt ist. Die Drähte x, y, z liegen in einer Ebene. Da sie in K unter 120° zusammenkommen, sind die Zugkräfte in ihnen von gleicher Größe. Draht z greift an den einen Arm eines Winkelhebels (Wage I) an; der andere Arm trägt ein verschiebbares Meßgewicht; der Hebel selbst ist auf Schneiden gelagert, so daß er kleine Ausschläge unter möglichst geringer Reibung ausführen kann. Ein Zeiger spielt wieder wie bei den Wagen II und III vor einer Skala und zeigt dann auf 0, wenn das vom Drahtzug herrührende Drehmoment

Fig. 11. Photographische Wiedergabe der Wage I (für horizontale Kräfte).

durch Verschieben des Meßgewichtes ausgeglichen ist. Der Zug in dem Draht wird beim Blasen des Windes um den Widerstand der Platte samt Aufhängung größer. Um die Wage. wieder zum Einspielen auf 0 zu bringen, ist es nötig, das Meßgewicht entsprechend zu verschieben. Die Länge der Verschiebung wird abgelesen. Da die Hebellänge und die Schwere des Meßgewichtes bekannt sind, gibt die Verschiebung ein Maß für die Größe des Luftwiderstandes. Aus den Ablesungen der Wagen I, II, III wird die resultierende Luftkraft zusammengesetzt.

Es ist noch nötig, auf die Schwenkvorrichtung aufmerksam zu machen, die dazu dient, die Platte vom Meßraum aus unter beliebigem Winkel zum Wind zu neigen. Zu dem Zweck ist die Wage III und die beiden Lager l_3 der Welle w_3 und damit der hintere Aufhängepunkt der Platte an einer Parallelführung befestigt, die ein Heben und Senken der hinteren Meßvorrichtung ermöglicht. Der Hebel b wird um einen bestimmten Winkel, der auf einer Gradteilung abzulesen ist, um den Punkt q gedreht. Um den gleichen Betrag heben bzw. senken sich, wie man aus der Fig. 10 ersieht, die Lager l_3 mit Welle w_3 samt Hebel h_3 und Drähten 3. Die Platte wird auf diese Weise um den gleichen Winkel (siehe Seite 37 oben) wie Hebel b geneigt, und die Messung kann für den neuen Neigungswinkel beginnen.

In Fig. 11 und 12 sind die photographischen Aufnahmen der 3 Wagen wiedergegeben. Über der Wage II in Fig. 12 sieht man eine weitere Wage die zur Bestimmung von Drehmomenten um die Längsachse des Versuchskörpers dient.

Fig. 12. Photographische Wiedergabe der Wagen II u. III (für vertikale Kräfte).

Bei den vorliegenden Messungen fand sie keine Benutzung. Wie man aus den photographischen Wiedergaben sieht, fehlt es den Wagen nicht an Astasierungsgewichten, Arretiervorrichtungen, Ölbremsen usw. Ferner ist außer dem Meßgewicht ein besonderes Laufgewicht vorhanden, mit dem man die Wage, bevor der Wind bläst, zum Einspielen bringt. Die Idee dieser Wagenanordnung stammt von Prof. P r a n d t l, die konstruktive Durchführung von Dipl.-Ing. G. F u h r m a n n. Die ganze Einrichtung hat sich sehr gut bewährt.

2. Die Geschwindigkeitsmessung.

Sehr wichtig für die Verwertung der Versuche ist es, die Windgeschwindigkeit so genau wie möglich zu bestimmen. In der Göttinger Anstalt wird die Messung der Geschwindigkeit von einem Pitot-Rohr, das an ein Mikromanometer angeschlossen ist, und das hinter der Platte in einer zur Windrichtung senkrechten Ebene vom Beobachtungsraum aus beliebig bewegt werden kann, besorgt. Ein Pitot-Rohr hat bekanntlich eine dem Wind entgegenstehende Öffnung, die statischen plus dynamischen Druck anzeigt, während der statische Druck allein an seitlichen Anbohrungen gemessen wird. Ein Schlauch steht mit der Öffnung vorn und einer mit den seitlichen Anbohrungen in Verbindung. Die beiden Schläuche führen zu den beiden Seiten eines Mikromanometers, das die Druckdifferenz anzeigt. Wenn durch den einen Schlauch nur der statische Druck und durch den andern nur der statische plus dynamische Druck übertragen würde, so wäre die Druckdifferenz, die das Mikromanometer anzeigt, gleich dem dynamischen Druck $\dfrac{\gamma\,v^2}{2\,g}$. Das ist aber nicht der Fall; es zeigt sich vielmehr, daß besonders die Übertragung des statischen Druckes nicht einwandfrei geschieht. Es ist deshalb nötig, das Pitot-Rohr vor dem Gebrauch zu eichen, was auf dem Rundlaufapparat im Institut für angewandte Mechanik geschehen ist. Es wurde dabei für unser Instrument die Konstante zu 0,977 ermittelt. Wir müssen also die am Manometer abgelesene Druckdifferenz noch durch 0,977 dividieren und erhalten dann die wahre Geschwindigkeitshöhe $\dfrac{\gamma\,v^2}{2\,g}$. Es sei noch bemerkt, daß natürlich auch das Mikromanometer (Krell-Fueßsche Bauart) vorher geeicht werden muß. Die Eichung geschieht so, daß in die Dose mittels Pipette eine bekannte Menge Flüssigkeit — im vorliegenden Fall Alkohol — geschüttet wird. Der Durchmesser der Dose beträgt 10 cm. Durch Division des Flüssigkeitsvolumens V durch den Querschnitt erhält man die Höhe der zugeführten Flüssigkeitsschicht. Multipliziere ich diese Höhe mit dem spez. Gewicht des Alkohols, so erhalte ich die Größe des spez. Druckes, mit dem die neue Schicht auf die alte Flüssigkeit wirkt. Der Ausschlag, den ich an der geneigten Glasröhre ablese, wird der gleiche sein, wenn anstatt der zugefügten Flüssigkeit der berechnete Druck in der Dose vorhanden ist. Ich habe damit die Beziehung zwischen Druck und Ausschlag in der Meßröhre gefunden, und es steht nichts mehr im Weg, mit Hilfe der beschriebenen Einrichtungen die Geschwindigkeit an jeder Stelle des Kanals zu messen. Da eine geringe Variation der Geschwindigkeit über den Querschnitt des Kanals vorhanden ist, empfiehlt es sich, an verschiedenen Stellen eine Geschwindigkeitsaufnahme zu machen und den Mittelwert aus den Ablesungen gelten zu lassen. Herr Dipl.-Ing. F u h r m a n n hat auf Vorschlag von Prof. P r a n d t l ein hierzu besonders geeignetes Instrument konstruiert, mit dem es möglich ist, die Geschwindigkeitsverteilung längs einer senkrechten oder wagrechten Geraden durch eine Kurve aufzunehmen. Führt man solche Aufnahmen längs zweier Vertikalen im Kanal aus, so wird der Mittelwert der Geschwindigkeit aus diesen Messungen schätzungsweise auf 1 % $\left(\dfrac{\gamma\,v^2}{g}\text{ also auf 2 %}\right)$ genau dem wahren Mittelwerte entsprechen.

3. Herstellung der Platten.

Die Platten, die wir bei den Versuchen benützten, wurden auf zwei Arten hergestellt. Bei der ersten Art wurde ein Gestell aus etwa 2,5 mm starkem Bandeisen von der gewünschten Form angefertigt. Dünnes Zinkblech, das sich der Form leicht anpaßt, wurde auf das Gestell gelegt und an den Seiten festgelöstet. Um die halbkreisförmigen Abrundungen der vorderen und hinteren Kante zu erhalten, wurden 2 Messingröhrchen vom gewünschten Abrundungsradius in das Gestell eingelegt. Auf die beschriebene Weise sind alle Platten von über 3 mm Stärke hergestellt. Weniger starke Platten sind aus massivem Blech angefertigt. Das Blech wurde zugeschnitten und, soweit gewölbte Platten erhalten werden sollten, in der Blechbiegemaschine gebogen. Die Wölbung wurde dann von Hand nach einer Schablone möglichst genau auf das vorgeschriebene Maß gebracht. Der in den Tabellen angegebene Wölbungspfeil bezieht sich auf die größte Erhebung der Unterfläche der Platte über die Kante eines Lineals, das auf der vorderen und hinteren Plattenkante aufliegt. Der Pfeil ist an mehreren Stellen gemessen und der Mittelwert genommen worden. Bei massiven Platten wurden die vordere und hintere Plattenkante mit der Feile von Hand abgerundet. Die beiden seitlichen Kanten

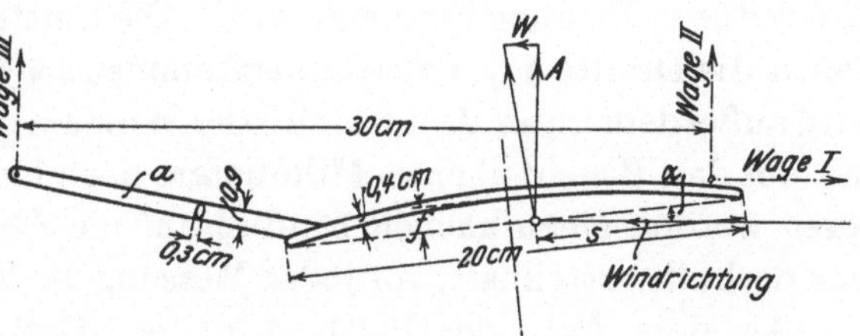

Fig. 13. Seitliche Ansicht einer 20 cm tiefen Platte.

waren bei allen verwendeten Platten eben. Ein Teil der Platten bekam einen Arm angelötet, an dem die Drähte 3, 3 der Wage III angriffen. Der Abstand der Wagen II und III beträgt nämlich, wie wir vorhin erwähnten, 30 cm; es war deshalb der Arm bei allen Platten von weniger als 30 cm Tiefe nötig. Wir haben uns bemüht, den Widerstand des Armes durch zweckmäßige Formgebung möglichst niedrig zu halten. Weil der Widerstand desselben einerseits für die verschiedenen Plattenstellungen verschieden groß ausfällt und anderseits durchweg weniger als 0,1 g beträgt, wurde er beim Resultat nicht berücksichtigt.

Einen Querschnitt durch die Platte findet man in Fig. 13. Ein Aufriß ist nicht nötig, da wir nur rechteckige Platten von gleichbleibendem Querschnitt untersucht haben.

4. Ausführung der Versuche.

Im vorausgehenden ist ein Umstand noch nicht besprochen, der bei der Auswertung der Versuche eine Rolle spielt; wenn ich nämlich die Drähte 2, 2 .... 3, 3 nach der Decke in zwei vertikalen Ebenen aufhänge, so wird von diesen 6 Drähten allein das Gewicht der Platte aufgenommen. Solange der Wind noch nicht bläst, wirkt demnach in den Drähten x, y, z keine Kraft. Die Drähte können dann aber nicht die straffe Form, mit der sie in Fig. 10 eingezeichnet sind, annehmen, sie werden vielmehr schlapp durchhängen. Ein Durchhängen der Drähte bedingt ein Zurückweichen der Platte im Wind, das sicher zu Fehlerquellen Anlaß gibt. Es ließe sich namentlich das Einstellen der Wage I schlecht bewerkstelligen. Um diesem Übelstande abzuhelfen, müssen die drei Drähte auch ohne Wind unter Zug stehen. Dazu wird der Draht x um etwa 2 cm kürzer gemacht, als er sein müßte, wenn die Drähte 2, 2 .... 3, 3 in zwei senkrechten Ebenen nach unten hängen sollten. Die Neigung γ der beiden Ebenen, in denen die Drähte liegen, gegen die Lotrechte beträgt dann etwa 1⁰. Die Schrägstellung hat zur Folge, daß von den 6 Drähten nicht die reinen Auftriebskomponenten auf die Hebelarme übertragen werden. Für den Ausschlag der Wagen II und III kommt allerdings nur die zum Hebelarm h senkrechte Auftriebskomponente in Betracht. Von den Schneidenlagern wird aber ein Teil der Widerstandskomponenten —nämlich Auftrieb · sin γ — aufgenommen. Wir müssen deshalb vor Beginn des Versuches die Strecke s, um die die Platte vorgezogen wird, genau bestimmen und erhalten sin γ = (s : senkrechte Drahtlänge). Bei der Auswertung der Versuche ist Auftrieb · sin γ als Korrektion zum Resultat der Wage I zu addieren.

An der Ablesung der Wage I ist eine weitere Berichtigung anzubringen, deren Größe durch Eichung bestimmt wird. Die Einstellung der drei Winkel von 120⁰, unter denen die Drähte x, y, z zusammenkommen sollen, ist nicht vollkommen. Die Platte wird außerdem unter dem Einfluß der Windkraft die Drähte straffer anziehen und damit um den Bruchteil eines Millimeters nach hinten ausschlagen. Diese beiden Faktoren werden einen kleinen Einfluß auf die Ablesung der Wage I haben. Es erweist sich deshalb vorteilhaft, vor jeder Messung die Wage I in folgender Weise zu eichen.

An dem Arm der Platte wird ein Draht befestigt und in Richtung der Kanalachse nach hinten gezogen. Er wird durch eine Rolle um 90⁰ abgelenkt und trägt an seinem Ende eine Wagschale. Legen wir Gewichte auf die Schale, so wird der Zug des Drahtes in derselben Weise wie ein gleich großer Winddruck auf die Platte wirken. Ich messe, welchen Zug die Wage I anzeigt, und sehe damit, wie die Übertragung der bekannten Zugkraft auf Wage I vor sich geht. Die so ermittelte Korrektion beträgt etwa 2 bis 3 %. Sie ist in der Tabelle in der Ablesung der Wage I inbegriffen. Die Korrektion, die dem Umstand Rechnung trägt, daß die Platte ein Stück vorgezogen ist, findet man in einer eigenen Spalte unter K in den Tabellen wieder.[1]) Den Widerstand der Platte erhält man als Summe der Ablesung der Wage I und K vermindert um den Widerstand der Drähte, der in einem eigenen Abschnitt behandelt werden soll.

Es bleibt uns jetzt noch einiges über die Bestimmung des Neigungswinkels der Platte im Kanal zu sagen. Ich erwähnte schon vorher, daß es möglich ist, die Platte von außen durch Drehung des Hebels um Punkt q zu neigen und die Größe der Drehung abzulesen. Um den gleichen Winkel wird die Welle w_3 mitsamt ihren Schneidenlagern ausschlagen. Wenn nun die Ebene durch die drei Haken der Platte, an denen die 6 Vertikaldrähte (2, 2, 2, 2, 3, 3) angreifen, parallel ist zu der Ebene, die man durch die Angriffspunkte der Drähte 3, 3 an den Hebeln h_3, h_3 und durch die Drehachse d legen kann (siehe Fig. 10), wird der Ausschlag des Hebels dem Ausschlag der Platte gleich sein. Um die Messung für größere Neigungswinkel durchzuführen, als es der Ausschlag des Hebels zuläßt, ist es oft nötig, auf diese

---

[1]) Für den Druck sind die Tabellen gekürzt worden; nur die beiden Tabellen auf Seite 66 sind in ihrer ursprünglichen Form wiedergegeben.

Parallelführung zu verzichten, so daß die Platte schon für die Nullage des Hebels eine Neigung gegen die (horizontale) Windrichtung besitzt. Es stimmen dann nicht mehr die Drehung des Hebels und die Neigung der Platte überein, und es muß für jede Neigung die Höhe der hinteren und der vorderen Kante über dem Fußboden gemessen werden. Die Differenz dieser Größen geteilt durch die Tiefe der Platte (bzw. den Abstand der Aufhängungspunkte) gibt den Sinus des Neigungswinkels. Man erhält auf diese Weise für jede Stellung des Hebels den entsprechenden Neigungswinkel α. Um die kleinen Fehler, die bei der Ablesung vorkommen können, auszugleichen, trägt man die aus sin α ermittelten Neigungswinkel der Platte abhängig von den Winkeln, um die der Hebel gedreht wurde, auf und verbessert die Werte an Hand der vermittelnden Kurve. Man erhält so schließlich die Bestimmung des Neigungswinkels mit kleineren Fehlern als $\pm$ 0,2°.

V. Der Drahtwiderstand.

Bei den vorliegenden Messungen an Platten haben die 6 Aufhängedrähte und die 3 Drähte x, y, z, die die Kraftübertragung auf die Wage I besorgen, selbst einen beträchtlichen Widerstand, der von der Wage I mitgemessen wird. Die Größe des Drahtwiderstandes für den einzelnen Fall zu ermitteln, soll Gegenstand der folgenden Ausführung sein. Da der Widerstand von Drähten im Wind auch bei Untersuchungen auf anderen Gebieten praktisches Interesse hat, ist die Bestimmung seiner

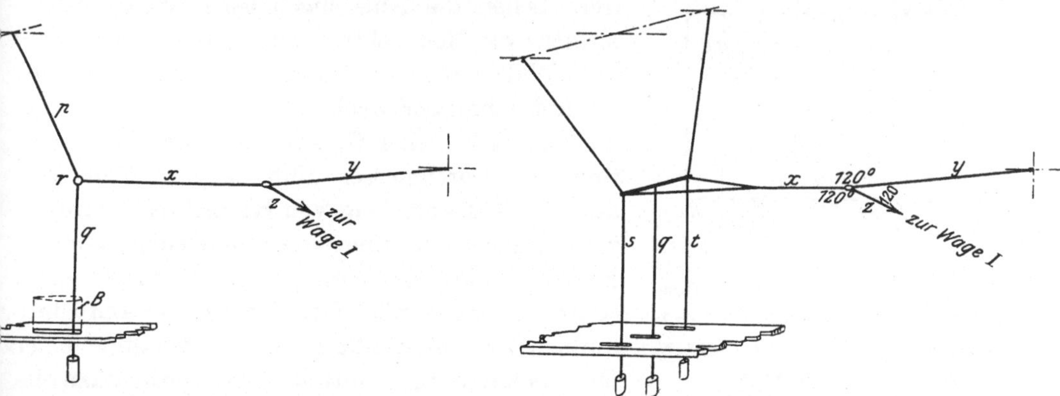

Fig. 14. Drahtmessung; Aufhängung I.   Fig. 15. Drahtmessung; Aufhängung II.

Größe hier allgemeiner durchgeführt, als es die vorliegende Aufgabe verlangen würde. Die Messungen[1]) erstrecken sich auf 15 Drähte von 0,05 bis 30 mm Durchmesser.

Die 3 Drähte x, y, z, die den Widerstand der Platte auf Wage I übertragen, werden auch bei den Versuchen zur Messung des Drahtwiderstandes verwendet. An Stelle der Platte schließt sich an den Draht x ein kleiner Ring r an (Fig. 14). Von r führt ein Draht p zur Decke, während der nach unten führende Draht q als eigentlicher Meßdraht in Betracht kommt. Der Draht q ist mittels eines Schlitzes im Fußboden, durch den er frei hängt, in den Keller geführt und trägt an seinem Ende ein Gewicht, das ihn straff zieht. Um den Einfluß der Strömung in der Nähe des

---

[1]) Bei etwa 15° C vorgenommen.

Bodens, die durch die Reibung am Boden langsamer und wirbelnd vor sich geht, nicht mit in die Messungen hineinzubekommen, ist die Blechhülse B über den Schlitz gesetzt. B besteht aus einer Grundplatte mit einem zylindrischen Aufsatz von fischförmigem Querschnitt und schützt in der in Fig. 14 dargestellten Weise (gestrichelt eingezeichnet) den Meßdraht 20 cm vom Fußboden weg vor der ungleichmäßigen Strömung am Boden. Da der Ring r etwa 115 cm über dem Fußboden hängt, stehen noch knapp 95 cm für den Meßdraht zur Verfügung. Nachdem Wage I auch für diesen Versuch in der vorhin geschilderten Weise geeicht worden ist, kann zur Messung geschritten werden. Der Widerstand der Drahtführung mitsamt dem Meßdraht wird an Wage I abgelesen. Dann wird der Meßdraht durch einen stärkeren ersetzt und die Messung wiederholt. Trägt man die so erhaltenen Widerstandswerte W der Drahtverbindung abhängig vom Durchmesser d des jeweiligen Meßdrahts auf, so erhält man die Kurve in Fig. 16, die sich leicht bis d = 0 verlängern läßt. Der Wert d = 0 gibt die Größe des Widerstandes der Drähte x, y, z und p. Die Extrapolation ist jedoch nicht ganz einwandfrei. Schon die Ablesungen bei kleinen Durchmessern des Meßdrahtes deuten darauf hin, daß der Widerstandskoeffizient mit abnehmendem Drahtdurchmesser wächst. Die Kurve W = f (d) ist demnach keine Gerade und die Extrapolation auf Durchmesser Null einigermaßen willkürlich. Auf Vorschlag von Herrn Prof. Prandtl habe ich deshalb eine Kontrollmessung namentlich für Drähte von geringem Durchmesser angestellt, die es ermöglicht, den Widerstand eines dünnen Drahtes direkt ohne Zuhilfenahme einer Extrapolation zu ermitteln. Es wurde dazu die in Fig. 15 skizzierte Aufhängung gewählt. Wenn man dort den Meßdraht q entfernt, sorgen immer noch die beiden Gewichte an den Drähten s und t dafür, daß die Aufhängedrähte straff gespannt bleiben. Bei dieser Aufhängung kann also zum Unterschied von der früheren der Widerstand der Aufhängung allein ermittelt werden. Den Widerstand von q findet man als Differenz zwischen dem Widerstandsergebnis mit und ohne Meßdraht. Als ein Nachteil der Aufhängung 2 muß erwähnt werden, daß die 3 Gewichte beim Blasen des Windes leicht ins Pendeln geraten und dadurch die Ablesung der Wage erschweren. Es wurden deshalb mit der Aufhängung (Fig. 15) nur dünne Drähte untersucht und die Resultate zur Bestimmung des Widerstandes der ersten Aufhängung benützt.

In Tabelle 1 (Seite 48) und Fig. 17 und 18 sind unsere Versuchsergebnisse mit der

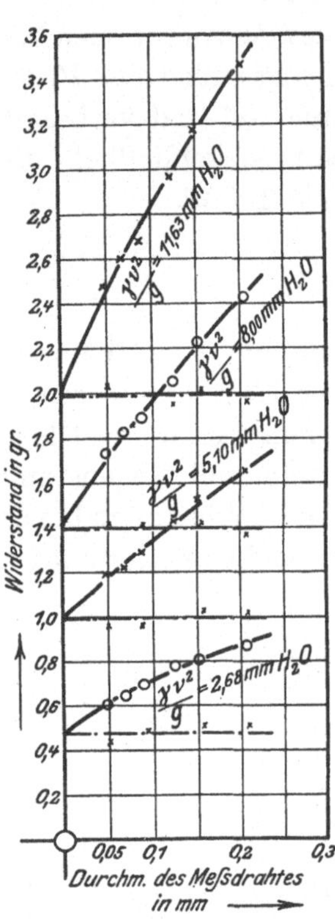

Fig. 16. Bestimmung des Widerstandes der Aufhängung I durch Extrapolation auf Durchmesser Null des Meßdrahtes.

zuerst besprochenen Aufhängung mitgeteilt. In Spalte 1 findet man den mittleren Drahtdurchmesser, Spalte 2 zeigt die wirksame Länge des Drahtes. Zur Befestigung am Ring mußte der Draht etwa 1 cm lang um den Ring geschlungen werden. Dieser Zentimeter ist bei den Werten der Spalte 2 einbegriffen. In Spalte 3 sind die doppelten Geschwindigkeitshöhen — also $\dfrac{\gamma\,v^2}{g}$ — angegeben. Für die 19 und 30 mm starken Zylinder konnte bei den zwei höchsten Geschwindigkeiten keine Ablesung mehr gemacht werden, weil das System dabei zu sehr ins Schaukeln geriet. Spalte 4 gibt die Ablesung der Wage I in Gramm an. In den mitgeteilten Resultaten ist das Ergebnis der Eichung schon berücksichtigt. Der Widerstand des Meßdrahtes findet sich in Spalte 5 und der Widerstand dividiert durch $\dfrac{\gamma\,v^2}{g} \times$ Fläche — also Koeffizient ψ — in Spalte 6.

In Spalte 7 ist noch das Produkt Windgeschwindigkeit $\times$ Drahtdurchmesser — v d — ausgerechnet, über dessen Bedeutung nachher berichtet wird.

In Tabelle 2 finden sich die Versuchsergebnisse, die ich mit der zweiten Aufhängung — 3 Drähte nach unten mit 3 Gewichten — erhalten habe. Die Spalten 1, 2, 3, 4 und 6 haben dabei die gleiche Bedeutung wie in Tabelle 1. Der Widerstand des Meßdrahtes (Spalte 5) wird gefunden, wenn man von den Werten in Spalte 4 die Resultate aus der Rubrik „ohne Draht" abzieht.

In Tabelle 3 ist der Widerstand der ersten Aufhängung nach der besprochenen Methode ermittelt. Die in den Spalten 1—6 eingetragenen Zahlen sind aus den Tabellen 1 und 2 entnommen. Der Mittelwert der Aufhängung 1 (Spalte 9) findet bei Aufstellung der Spalte 5, Tabelle 1, Verwendung.

Vor allem sieht man, daß der Koeffizient durchaus keine konstante Größe besitzt, die Widerstandszunahme also weder proportional mit v^2 noch mit F erfolgt. Es ergibt sich daraus, daß die Strömungsbilder für die verschiedenen Drähte und Geschwindigkeiten keine ähnliche Gestalt annehmen, wie das bei der Strömung der reibungslosen Flüssigkeit der Fall ist. Der Grund hierfür läßt sich mit Hilfe der Lehren der mechanischen Ähnlichkeit rasch einsehen. Wir denken uns eine zweidimensionale Strömung in einer reibenden Flüssigkeit, wie sie sich tatsächlich um einen Zylinder vollzieht. (Strömung 1.) Es werde dann ein Element e_1 herausgegriffen und die an ihm angreifenden Kräfte untersucht. Wir konstruieren darauf eine der ersten Strömung vollkommen ähnliche Strömung 2 und nennen das Verhältnis der Längen $l_2/l_1 = \lambda$, das der Zeiten $t_2/t_1 = \tau$, der Geschwindigkeiten $v_2/v_1 = \upsilon$ und das der Kräfte $= \pi$. Den Zeitmaßstab τ lassen wir vorläufig offen und beachten weiter, daß der Druckanteil, der von der Trägheit der Flüssigkeit herrührt, mit der Geschwindigkeitshöhe $\dfrac{\gamma\,v^2}{2\,g}$ wächst, also an jeder Stelle von 2 υ^2mal so groß ist wie an der entsprechenden Stelle 1. Die Druckkräfte sind demnach proportional mit der Druckfläche und dem Quadrat der Geschwindigkeit, also mit $\lambda\,\upsilon^2$. (Die verglichenen Flächen mögen senkrecht zur Strömungsebene gleiche Abmessungen haben, daher Proportionalität mit λ, nicht mit λ^2.) Wir beachten nun, daß die zwei Komponenten der an e angreifenden Kraft, nämlich die Druckkomponente und die Reibungskraft, in Strömung 2 die gleiche Richtung haben wie bei 1. Damit die Resultierenden 1 und 2 gleichgerichtet sind, muß das Verhältnis der Größen der Komponenten 1 und 2 in beiden Fällen das gleiche sein Die Flüssigkeitsreibung hängt ab von den Geschwindigkeitsgradienten $\dfrac{dv}{ds}$; außerdem wächst die Reibungskraft mit der Länge der reibenden Fläche, also im ganzen mit $\left(\dfrac{\upsilon}{\lambda}\right) . \lambda = \upsilon$. Die Bedingung dafür, daß die Druckkomponente und die Reibungskomponente in gleichem Verhältnis wachsen, lautet also: $\lambda \upsilon^2 = \upsilon$. Die Gleichung wird befriedigt durch $\lambda . \upsilon = 1$. Nur wenn diese Bedingung erfüllt ist, haben wir gleiche Strömungsbilder zu erwarten, nur dann wird der Widerstand proportional der Fläche und dem Quadrat der Geschwindigkeit wachsen und der Koeffizient ψ konstant sein. Es liegt nach dieser Betrachtung, die von R e y n o d s stammt, nahe, ψ abhängig von (v . d) aufzutragen. Wir erhalten die Kurve Fig. 17 und 18. Man sieht zunächst, daß der Widerstandskoeffizient, der mit v und mit d veränderlich ist, sich gut als einparametrige Funktion der Größe (v . d) darstellen läßt. Insbesondere zeigt sich, daß von v . d = 0,015 m²/sec an der Koeffizient konstant genannt werden darf. Bei kleineren Werten des Produktes nimmt der Koeffizient zu; es macht sich bei den kleinen Werten von v . d in der Abhängigkeit des Koeffizienten ψ von v . d das S t o k e s sche Gesetz geltend, das für zähe Flüssigkeiten ohne Trägheit aufgestellt ist, und das den Widerstand proportional mit v und unabhängig von d wachsen läßt.

Für die Praxis, in der keine zu kleinen Durchmesser und Geschwindigkeiten vorkommen, habe ich folgende Formeln angegeben[1]):

$$\psi = 0,45 \qquad\qquad \text{für v . d} > 0,015 \text{ m}^2/\text{sec}$$
$$\psi = 0,66 - 14 . [\text{v . d}]_{\text{m}^2/\text{sec}} \qquad \text{für v . d} < 0,015 \text{ (aber } > 0,001) \text{ m}^2/\text{sec}$$

Wenn man über das erwähnte Gebiet mit den geringen Werten des Produktes v . d hinaus ist, macht sich ein geringes Steigen von ψ mit v . d bemerkbar, ähnlich wie wir es bei Platten festgestellt haben.

Zur Bestimmung des Drahtwiderstandes bei unsern Messungen an Platten genügt es noch nicht, den Widerstand des freihängenden Drahtes zu kennen. Die Drähte, die die Platte halten, sind mit dem andern Ende an den Waghebeln befestigt. Wir haben den Fall eines belasteten Seiles, das zwischen zwei Punkten gespannt ist, und das auf seiner Länge eine kontinuierlich verteilte Last trägt. Beide Punkte tragen einen Teil der Gesamtlast. Für uns ist es nur wichtig zu erfahren, wieviel vom Gesamtwiderstand des Drahtes von der Befestigungsstelle an der Platte aufgenommen wird. Wenn die Windgeschwindigkeit längs des ganzen Drahtes gleichmäßig wäre, käme auf jeden der beiden Knotenpunkte der halbe Widerstand. In dem Kanal der Anstalt ist aber in der Nähe der Decke eine Geschwindigkeitsverminderung zu verspüren. Um zu sehen, inwieweit diese Tatsache die Verteilung des Drahtwiderstandes beeinflußt, habe ich Messungen angestellt an einer Drahtführung ähnlich der Fig. 14. Der Ring r wurde bei der neuen Aufhängung weggelassen und dafür die Drähte p und q in einem durchgezogen. Es führte also jetzt e i n Draht erst schräg bis zur Mitte des Kanals

---

[1]) Z. f. Motorluftschiffahrt 1910, Heft 20.

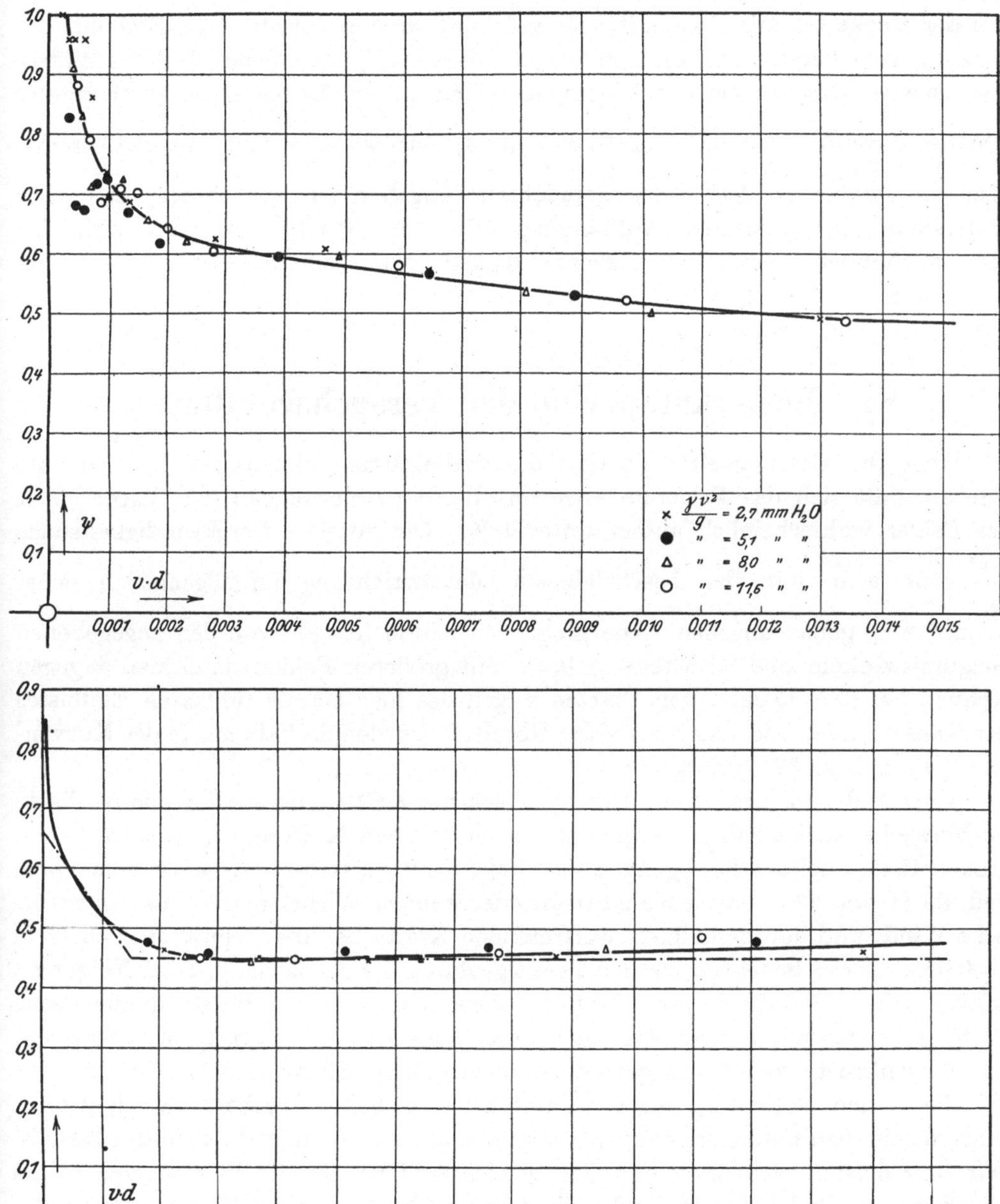

Fig. 17 u. 18. Widerstandskoeffizient ψ für Drähte abhängig von Produkt aus Geschwindigkeit und Drahtdurchmesser.

und von da senkrecht in den Keller; in dieser Weise wurden wieder verschiedene Drahtstärken durchgemessen. Die Extrapolation auf Durchmesser Null lieferte diesmal den Widerstand der 3 Drähte x, y, z. Der Widerstand des freihängenden Stückes Meßdraht wurde mit den vorhin gewonnenen Werten von ψ berechnet, so daß auch der von der Wage aufgenommene Widerstand des schrägen Stückes —

von der Decke bis zur Kanalmitte — gefunden werden konnte. Als Ergebnis der Messung kam heraus, daß wir den von der Wage aufgenommenen Teil des Widerstandes eines Drahtes, der mit seinem einen Ende an der Decke befestigt ist, richtig erhalten, wenn wir die Drahtfläche (l . d) mit $\psi \cdot \dfrac{\gamma\, v^2}{g}$ und mit 0,47 multiplizieren, wobei ψ den eben gemachten Angaben zu entnehmen ist, Der Widerstand der gesamten Aufhängung für eine Platte errechnet sich bei der gewöhnlich benützten Geschwindigkeit von 6,5 m/sec hiernach zu 2,0—3,5 g.

VI. Bemerkungen zu den Versuchsresultaten.

Über die Genauigkeit, mit der die vorliegenden Messungen durchgeführt wurden, läßt sich das Folgende angeben: Bei der Ablesung an den Wagen bleibt der Fehler wahrscheinlich immer unter 1 %. Die mittlere Geschwindigkeitshöhe $\dfrac{\gamma\, v^2}{g}$ läßt sich mit der beschriebenen Meßvorrichtung im allgemeinen sicher bis auf 2 % genau angeben. Die möglichen Abweichungen von den angegebenen Neigungswinkeln sind höchstens $\pm\, 0{,}2^0$. Mit größeren Fehlern muß man dagegen rechnen bei den 35 cm tiefen Platten wegen des hier bereits fühlbaren Einflusses der Kanalwände. Die damit erzielten Resultate wurden deshalb nur in der Kurvendarstellung Fig. 39 wiedergegeben.

Eine andere Frage ist es, inwieweit sich die Kräfte, die wir für unsere Platte im Versuchskanal erhalten, vergleichen lassen mit den Kräften, die an einer gleichgroßen Platte bei der Bewegung in der freien Luft auftreten. Es wäre ja möglich, daß die Strömung in einem Kanal mehr oder weniger Wirbel enthält als der natürliche Wind, und daß deshalb die auftretenden Kräfte bei uns zu groß oder zu klein ausfielen. Diese Bedenken werden beseitigt durch die Tatsache, daß bei Neigungswinkeln bis zu 30^0 die Angaben von D i n e s und E i f f e l für die quadratische Platte sehr gut mit unseren Zahlen übereinstimmen, und daß sich unser Wert ζ_{90^0} für die senkrecht vom Wind getroffene quadratische Platte von 12×12 cm den E i f f e l schen Werten ζ_{90^0} sehr gut anschließt. Nur bei den verhältnismäßig großen Platten scheinen unsere Messungen beeinflußt zu sein von den Wänden des Kanals. Wir sind deshalb von der anfänglich gewählten Tiefe für die Platten von 35 cm abgekommen und haben 20 und zuletzt nur noch 12 cm tiefe Platten untersucht. Aber auch dann scheint sich bei Neigungswinkeln von über 25^0 oder 30^0 der Einfluß der beschränkten Kanaldimensionen störend bemerkbar zu machen, wenn die Platten sehr breit — über 80 oder 90 cm — werden. Es handelt sich nur um ein paar Messungen, die über diesen Grenzen ausgeführt wurden. Bei weniger großen Platten oder Neigungswinkeln ist der Einfluß der Kanalwände sicher nur unbedeutend.

Um unsere Resultate mit den Angaben der R a y l e i g h schen und der K u t t a schen Theorie, die für die unendlich breite Platte gelten, vergleichen zu können, wurden durch Extrapolation die ζ_A-Werte für die unendlich breite

Platte bestimmt. Zu dem Zweck wird ζ_A abhängig von λ $\left(\lambda = \dfrac{\text{Plattentiefe}}{\text{Breite}}\right)$ aufgetragen und die so gewonnene Kurve bis $\lambda = 0$ verlängert. Ich habe dabei eine theoretische Untersuchung von Prof. P r a n d t l berücksichtigt, die sich mit der Frage beschäftigt, inwieweit die Wirbel, die sich zu beiden Seiten der Platte anschließen, den Auftrieb beeinflussen. Prandtl hat gefunden, daß die Funktion $\zeta_A = f(\lambda)$ an der Stelle $\lambda = 0$ einen unendlichen Differentialquotienten hat — wobei der Wert ζ_A natürlich für $\lambda = 0$ endlich bleibt. Die Ergebnisse dieser Theorie lieferten einen wertvollen Anhaltspunkt dafür, wie die Extrapolation durchzuführen ist. Herr Professor Prandtl war so freundlich, mir die folgende Formel, die er nach theoretischen Betrachtungen erhalten hat, zur Verfügung zu stellen:

$$\zeta_{\lambda = 0} = \zeta - \frac{\zeta}{2\pi} \cdot \frac{\partial\zeta_0}{\partial\alpha} \cdot \lambda \cdot \ln\lambda + \zeta'\lambda.$$

Dabei bedeutet ζ den A u f t r i e b s koeffizienten, α den Neigungswinkel und ζ' eine noch zu bestimmende Größe. Wenn man die Gleichung für 2 Versuchspunkte auswertet, kann man ζ' und ζ_0 berechnen. Zur Konstruktion der Figuren 28, 32 und 37 ist die Formel benützt worden.

Für die Auftriebs- und Widerstandskoeffizienten von Platten habe ich nach dem mitgeteilten Zahlenmaterial Formeln aufgestellt. Ich habe mich dabei auf das Gebiet von -3^0 bis $+8^0$ oder 9^0 beschränkt. Innerhalb dieser Grenzen ist die Abhängigkeit der Koeffizienten ζ_A und ζ_W vom Neigungswinkel α besonders einfach: ζ_A wächst etwa proportional α, und ζ_W setzt sich aus einem konstanten und einem mit α^2 proportionalen Glied zusammen. Die Werte für die ebene und für die gewölbte Platte sind nicht in einer Formel vereinigt worden, weil sich sonst ein zu schwerfälliger Ausdruck ergeben hätte. Die im folgenden mitgeteilten Formeln eignen sich nur für die gewöhnlich vorkommenden Seitenverhältnisse ($a : b = \lambda$) von $\lambda = 1 : 1,5$ bis etwa $1 : 15$. Wird das Verhältnis noch kleiner, nähern wir uns also der unendlich breiten Platte, so lassen sich meine Formeln nicht mehr verwenden. Prandtl hat, wie wir eben erwähnten, nachgewiesen, daß die Kurve, die die Funktion $\zeta_A = f(\lambda)$ darstellt, bei $\lambda = 0$ eine senkrechte Tangente hat. Bei der Aufstellung der Formel ist diese Eigenschaft der Funktion nicht berücksichtigt.

Bei der ebenen Platte tritt die plötzliche Änderung im Strömungsbild bei etwa 8^0 ein. Bis dahin ist:

$$\zeta_A = \frac{\alpha}{16 + 54\lambda}$$

und

$$\zeta_W = 0{,}004 + 0{,}3\,\frac{d}{a} + \sin\alpha \cdot \zeta_A.$$

d bedeutet dabei die Stärke der Platte und a die Tiefe in Stromrichtung. Der Neigungswinkel α ist in Graden zu messen. Die Konstante $0{,}004$ rührt von der Oberflächenreibung her. Zur Abschätzung derselben lagen nur wenige Versuche vor, und es mag wohl sein, daß sich der Einfluß der Oberflächenreibung, wenn einmal mehr Versuchsresultate vorliegen, in anderer Weise besser berücksichtigen läßt.

Bei den gewölbten Platten kommt als eine weitere Variable das Verhältnis Wölbungs-Pfeil/Sehne $= \gamma$ hinzu. Die Formeln werden dadurch natürlich umständlicher. Sie gelten nur von -3^0 (an dieser Stelle verschwindet der Auftrieb) bis $+8^0$ oder 9^0 und beziehen sich auf Flächen, bei denen γ zwischen 0,015 und 0,1 liegt. An Platten mit sehr geringer Wölbung (γ unter 0,015) sind keine Versuche angestellt worden. Man kann sich aber nach den vorhandenen Resultaten schon ein ungefähres Bild für den Verlauf der Kurven in diesem Gebiet machen. Die Darstellungen auf Fig. 9 weisen darauf hin, daß die Bedingungen für das Zustandekommen der K u t t a schen Strömung allem Anschein nach bei wenig gewölbten Platten gut erfüllt sind. Nach dieser Theorie hat man sich aber den Übergang von der ebenen zur wenig gewölbten Platte ($\gamma =$ etwa 0,015) so vorzustellen, daß die Kurven $\zeta_A = f(\alpha)$ parallele Gerade sind, die den Wert $\zeta_A = 0$ zwischen $\alpha = 0^0$ — ebene Platte — und $\alpha = 2,5$ bis $3,0^0$ — gewölbte Platte mit $\gamma = 0,015$ — erreichen. Die Wölbung ist kreisbogenförmig vorausgesetzt. Im übrigen gelten die Bemerkungen, die wir bei den ebenen Platten gemacht haben. Es wird:

$$\zeta_A = (\alpha + 3^0)\left(0,32\,\gamma + \frac{1}{18 + 95\,\lambda}\right)$$

$$\zeta_W = 0,3\,\frac{d}{a} + 0,4\,\gamma + \frac{0,01}{100\,\gamma + 1} - 0,006 + 0,0005\,\alpha^2.$$

α ist wieder in Graden zu messen. Die Formel für ζ_A liefert für eine bestimmte Platte ein lineares Anwachsen des Auftriebskoeffizienten mit dem Neigungswinkel α. Es sind also die kleinen Krümmungen, die die Kurven in diesem Gebiet bis 8^0 Neigung aufweisen (siehe Figuren), nicht berücksichtigt. Bei ζ_W ist das von α^2 abhängige Glied unabhängig von γ und λ angegeben. Wenn das auch nicht vollkommen mit den Tatsachen übereinstimmt, so zeigt doch ein Blick auf die beiliegenden Kurvenblätter, daß der damit begangene Fehler nicht sehr groß ist. Die Abweichung der angegebenen Formeln von unseren Meßwerten ist bei den ζ_A-Werten unter 8 % und bei den ζ_W-Werten unter 12 %. Sinkt γ unter 0,015 oder steigt es über 0,1 so lassen sich die mitgeteilten Formeln nur mit geringerer Genauigkeit benützen.

Das auffallendste Ergebnis in den mitgeteilten Messungen ist offenbar die Zweideutigkeit der Auftriebs- und Widerstandskoeffizienten bei Platten vom ungefähren Seitenverhältnis 1 : 1 in einem Gebiet von 38^0—42^0. Wir haben diese Erscheinung sowohl bei der ebenen wie bei der gewölbten quadratischen Platte beobachtet. Von den beiden Strömungen liefert die eine große Auftriebs- und Widerstandskoeffizienten, die sich den Werten für kleine Neigungswinkel kontinuierlich anschließen. Die zweite mögliche Strömung hat dagegen um 60 bis 80 % niedrigere Koeffizienten zur Folge, die sich den Werten für größere Neigungswinkel anschließen. Hat sich einmal in dem fraglichen Gebiet eine der beiden Strömungsformen ausgebildet, so bleibt sie bestehen, solange nicht ein grober Stoß eine Störung veranlaßt. Wir haben es also mit zwei stabilen Strömungen zu tun. Stelle ich die Platte z. B. auf 38^0 ein und setze den Ventilator in Gang, so werde ich an den Wagen die großen Werte ablesen. Ich kann nun von außen die Platte vorsichtig auf 39°, 40° und 41° neigen und messe immer noch mit den Wagen die großen Kräfte. Wenn ich behutsam genug vorgehe, erreiche ich auf diese Art auch 42°.

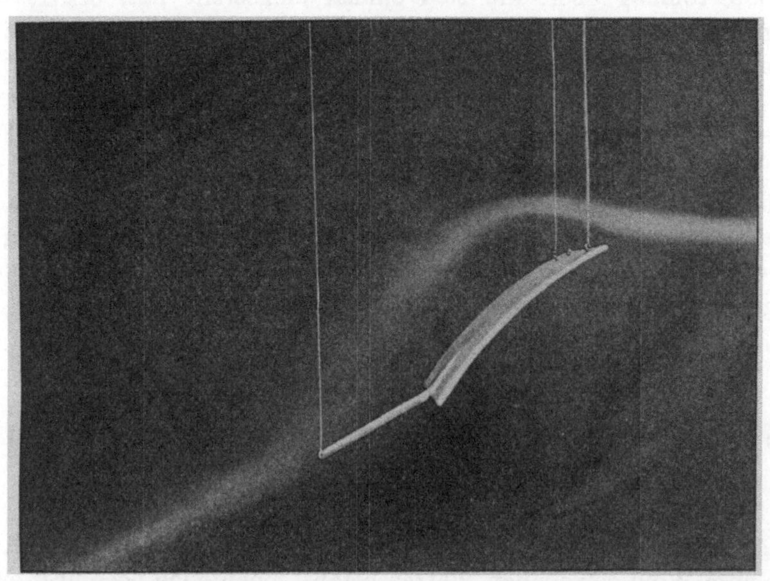

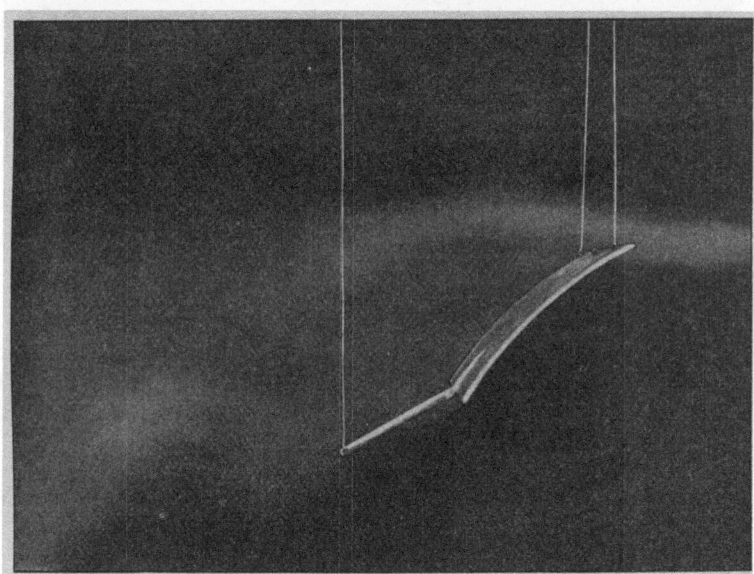

Fig. 19 und 20. Die Strömung um die quadratische Platte bei 40° Neigung (Fig. 19 entspricht den großen Kräften, Fig. 20 den kleinen Kräften).

Es genügt jetzt schon ein ganz geringer Anlaß, um die Strömung plötzlich umzuwandeln. Ist das geschehen, so lese ich auf einmal an den Wagen die kleinen Werte ab. Ich kann nun in ähnlicher Weise, wie ich bis 42° heraufging, die Neigung wieder verringern, ohne die neue Strömung zu stören. Wenn ich bei abgestelltem Wind die Neigung der Platte auf etwa 40° festlege und nun den Ventilator anstelle, so werde ich, ganz vom Zufall abhängend, die hohen oder die niedrigen Koeffizienten erhalten. Die Strömung aber, die sich einmal eingestellt hat, besitzt dann eine ziemlich große Beständigkeit. Ich habe die beiden Strömungen durch Zuleiten von Salmiakrauch sichtbar gemacht und photographiert (Fig. 19 und 20). Die erste Strömung bewirkt die großen Koeffizienten. Der Wirbel setzt sich auf der Oberseite erst spät — schon nahe der hinteren Kante — an. Vorher strömt die Flüssigkeit längs der Platte hin. Zum Unterschied davon ist bei der Strömung 2 das ganze Gebiet hinter der Platte in wirbelnder Bewegung begriffen. Es fällt dadurch der Impuls der nach unten geschleuderten Flüssigkeit hinter der Platte großenteils fort, und daraus erklärt sich die Verminderung des Auftriebes (und damit Hand in Hand gehend des Widerstandes).

VII. Der Widerstand der senkrecht vom Wind getroffenen Platte.[1]

Im Anschluß an diese Arbeit, die sich in erster Linie mit den Kräften an s c h r ä g vom Wind getroffenen Platten befaßt, möchte ich noch über eine Untersuchung an s e n k r e c h t vom Wind getroffenen ebenen Platten berichten. Wenn man an der Annahme festhält, daß das Anwachsen des Widerstandes bei ähnlichen Platten proportional der Fläche und proportional dem Quadrat der Geschwindigkeit erfolgt, so kommt hier als einzige Variable, von der die Größe des Koeffizienten $\zeta_{90^\circ} = \Psi^2$[2] abhängt, die Gestaltung des Umrisses — bei rechteckigen Platten das Seitenverhältnis — in Betracht.

10. und 11. Februar 1911.

Breite	Länge	$\dfrac{\gamma \cdot v^2}{g}$	Widerst. der Platte in Gramm	Ψ	$\dfrac{\gamma \cdot v^2}{g}$	Widerst. der Platte in Gramm	Ψ	Ψ im Mittel
der Platte in cm								
7,02	7,01	4,95	13,5	0,554	10,65	29,1	0,556	0,555
6,99	10,52	,,	20,2	0,556	,,	44,1	0,565	0,560
7,02	14,0	,,	27,8	0,572	,,	60,4	0,578	0,575
7,02	21,0	..	43,4	0,595	,,	94,6	0,604	0,600
7,05	28,05	,,	60,5	0,619	,,	131,5	0,625	0,622
7,02	35,0	,,	76,3	0,627	,,	166,3	0,636	0,632
7,01	41,95	,,	93,2	0,640	,,	201,9	0,643	0,642
7,03	56,0	,,	128,5	0,660	,,	276,9	0,661	0,660
7,02	70,05	,,	163,6	0,670	—	—	—	0,670

Unsere Versuche erstreckten sich auf 9 Stück 7 cm breite, rechteckige Platten, deren größte Länge 70 cm und deren geringste Länge 7 cm betrug. Die Platten

---

[1] Dies Kapitel ist erst nachträglich in die Arbeit aufgenommen worden.

[2] Die Bezeichnung der Koeffizienten entspricht in dieser Arbeit den Vorschlägen von Prof. P r a n d t l (Zeitschr. f. Motorluftschiffahrt 1910, Heft 13).

waren aus 1,7 mm starkem Zinkblecch gefertigt. Alle Messungen wurden bei zwei verschiedenen Geschwindigkeiten $\left(\dfrac{\gamma\,v^2}{g}\right) = 4{,}95$ und $10{,}65$ mm H_2O — ausgeführt. Die dabei gewonnenen Ergebnisse sind in der nachfolgenden Tabelle zusammengestellt. Bei den Angaben der 4. und 7. Spalte ist der Widerstand der Aufhängungsdrähte schon abgezogen.

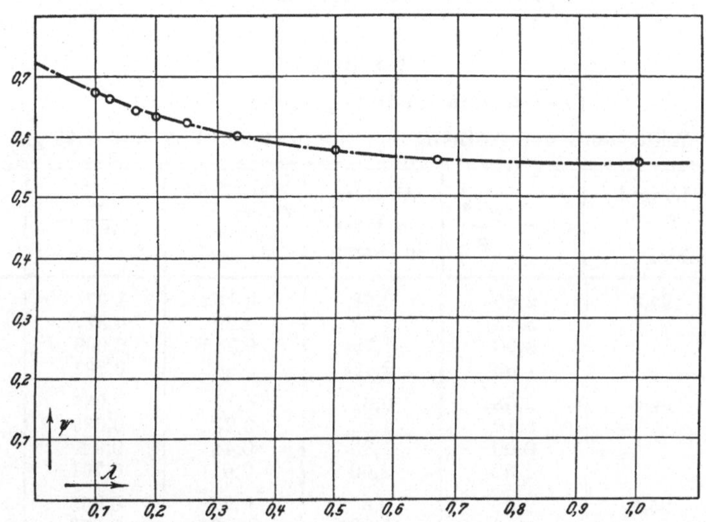

Fig. 21. Wiederstandskoeffizient für die senkrecht vom Wind getroffene, rechteckige Platte abhängig vom Seitenverhältnis.

In Fig. 21 ist der Koeffizient Ψ abhängig vom Seitenverhältnis λ eingetragen. Die Versuchspunkte sind durch kleine Kreise gekennzeichnet. Die Beziehung zwischen λ und Ψ, wie sie sich nach unseren Versuchen herausstellt, läßt sich sehr gut durch die Formel wiedergeben:

$$\Psi = 0{,}72 - \frac{3}{7 + 5{,}5\,(\lambda + {}^1\!/_\lambda)}$$

Nach dieser Formel ist die strichpunktierte Linie in der Zeichung eingetragen. Der Ausdruck $(\lambda + {}^1\!/_\lambda)$ im Nenner ist deshalb gewählt worden, um die Formel für alle Seitenverhältnisse λ gültig zu machen. Man kann also für λ das Verhältnis $\dfrac{\text{kleinere Seite}}{\text{größere Seite}}$ oder $\dfrac{\text{größere Seite}}{\text{kleinere Seite}}$ einsetzen.

I.

Bestimmung des Widerstandes von Drähten.

Länge des Meßdrahtes 95 cm; Durchmesser zwischen 0,05 und 30 mm.

(Dazu die Textfiguren 14—18.)

Tabelle 1.

(Versuchsanordnung siehe Fig. 14).

Widerstand der Aufhängung: 0,478, 0,99, 1,39 und 1,99 g.

Durchmesser d in mm (des Meßdrahtes)	Länge l in cm	$2h = \dfrac{\gamma v^2}{g}$	Ablesung von Wage I in Gramm	Widerstand W des Meßdrahtes in Gramm	$\zeta' = \dfrac{W}{\dfrac{\gamma v^2}{g} \cdot d \cdot l}$	v . d [m/sec . m]
0,05	94,8	2,68	0,61	0,132	1,07	0,000231
		5,10	1,19	0,20	0,827	0,00032
		8,00	1,735	0,345	0,909	0,00040
		11,63	2,475	0,485	0,881	0,000483
0,07	94,8	2,68	0,647	0,17	0,955	0,000325
		5,10	1,22	0,23	0,680	0,000447
		8,00	1,83	0,44	0,829	0,00056
		11,63	2,60	0,61	0,791	0,000677
0,09	95,5	2,68	0,698	0,22	0,955	0,000417
		5,10	1,285	0,295	0,673	0,000575
		8,00	1,88	0,49	0,713	0,00072
		11,63	2,675	0,685	0,686	0,00087
0,125	95,1	2,68	0,783	0,305	0,956	0,000580
		5,10	1,425	0,435	0,717	0,000799
		8,00	2,05	0,66	0,694	0,00100
		11,63	2,97	0,98	0,709	0,00120
0,153	94,8	2,68	0,812	0,335	0,860	0,000710
		5,10	1,525	0,535	0,724	0,000978
		8,00	2,23	0,84	0,723	0,00122
		11,63	3,175	1,185	0,703	0,00148
0,207	95,5	2,68	0,868	0,39	0,735	0,00096
		5,10	1,645	0,655	0,669	0,00132
		8,00	2,425	1,035	0,656	0,00165
		11,63	3,465	1,475	0,643	0,00200
0,291	95,5	2,685	0,99	0,512	0,686	0,00135
		5,10	1,865	0,875	0,618	0,00186
		8,00	2,77	1,38	0,620	0,00232
		11,63	3,945	1,955	0,604	0,00281
0,61	93,7	2,685	1,435	0,957	0,624	0,00283
		5,10	2,725	1,735	0,594	0,00390
		8,00	4,105	2,715	0,594	0,00488
		11,63	5,85	3,86	0,580	0,00589
1,007	93,8	2,685	2,02	1,54	0,608	0,00466
		5,10	3,71	2,72	0,566	0,00643
		8,00	5,43	4,04	0,535	0,00807
		11,63	7,70	5,71	0,520	0,00972

Durchmesser d in mm des Meßdrahtes	Länge l in cm	$2\,h = \dfrac{\gamma\,v^2}{g}$	Ablesung von Wage I n Gramm	Widerstand W des Meß- drahtes in Gramm	$\psi = \dfrac{W}{\dfrac{\gamma\,v^2}{g}\cdot d\cdot l}$	v . d m/sec . m
1,39	93,9	2,685	2,48	2,00	0,571	0,00643
		5,10	4,50	3,51	0,528	0,00888
		8,00	6,60	5,21	0,500	0,0112
		11,63	9,38	7,39	0,487	0,0134
2,803	93,5	2,685	3,935	3,455	0,491	0,0130
		5,10	7,36	6,37	0,477	0,0179
		8,00	10,86	9,47	0,451	0,0244
		11,63	15,75	13,76	0,450	0,0271
4,465	92,8	2,685	5,63	5,15	0,464	0,0207
		5,10	10,66	9,67	0,458	0,0285
		8,00	16,06	14,67	0,443	0,0357
		11,63	23,65	21,66	0,449	0,0431
8,06	92,7	2,685	9,52	9,04	0,452	0,0373
		5,10	18,58	17,59	0,462	0,0514
		8,00	28,25	26,86	0,450	0,0643
		11,63	41,9	39,91	0,460	0,0778
11,925	92,2	2,685	13,62	13,14	0,446	0,0552
		5,10	27,23	26,24	0,469	0,0760
		8,00	42,3	40,91	0,465	0,0953
		11,63	64,0	62,01	0,485	0,115
18,9	90,0	2,685	21,25	20,77	0 455	0 0875
		5,10	42,35	41,36	0,477	0,121
29,9	90,1	2,685	33,85	33,37	0,461	0,1385
		5,10	66,9	65,9	0,480	0,191

Tabelle 2.

(Versuchsordnung siehe Fig. 15.)

Durch- messer d in mm	Länge l in cm	$2\,h = \dfrac{\gamma\,v^2}{g}$	Ablesung von Wage I in Gramm	Widerstand W des Meßdrahtes in Gramm	$\psi = \dfrac{W}{\dfrac{\gamma\,v^2}{g}\cdot d\cdot l}$
ohne Draht		2,68	2,725		
		5,10	5,145		
		8,00	7,59		
		11,63	11,02		
0,05	93,3	2,68	2,89	0,165	1,32
		5,10	5,36	0,215	0,902
		8,00	7,93	0,340	0,909
		11,63	11,465	0,445	0,82
0,09	93,4	2,68	2,925	0,20	0,887
		5,10	5,445	0,30	0,700
		8,00	8,065	0,475	0,707
		11,63	11,73	0,71	0,727
0,153	93,0	2,68	3,035	0,31	0,811
		5,10	5,64	0,495	0,681
		8,00	8,40	0,81	0,712
		11,63	12,17	1,15	0,695
0,207	93,5	2,68	3,10	0,375	0,722
		5,10	5,77	0,625	0,632
		8,00	8,62	1,03	0,665
		11,63	12,48	1,46	0,649

Tabelle 3.

Widerstand der Aufhängung,
ermittelt nach den Angaben der Tabellen 1 und 2.

1	2	3	4	5	6	7	8	9
$2\,h = \dfrac{\gamma v^2}{g}$	Durch- messer d in mm	Aus Tabelle 2		Aus Tabelle 1		$W_2 \cdot \dfrac{l_1}{l_2}$ in Gramm	$W_1 + A_1$ $- W_2 \cdot \dfrac{l_1}{l_2}$ in Gramm	A_1 im Mittel in Gramm
		l_2 in cm	W_2 in Gramm	l_1 in cm	$W_1 + A_1$ in Gramm			
2,68	0,05	93,3	0,165	94,8	0,61	0,168	0,442	
	0,09	93,4	0,20	95,5	0,698	0,205	0,493	0,478
	0,153	93,0	0,31	94,8	0,812	0,316	0,496	
	0,207	93,5	0,375	95,5	0,868	0,383	0,485	
5,10	0,05	93,3	0,215	94,8	1.19	0,22	0,97	
	0,09	93,4	0,30	95,5	1,285	0,307	0,978	0,99
	0,153	93,0	0,495	94,8	1,525	0,505	1,02	
	0,207	93,5	0,625	95,5	1,645	0,638	1,007	
8,00	0,05	93,3	0,340	94,8	1,735	0,345	1,39	
	0,09	93,4	0,475	95,5	1,88	0,485	1,395	1,39
	0,153	93,0	0,81	94,8	2,23	0,827	1,403	
	0,207	93,5	1,03	95,5	2,425	1,052	1,373	
11,63	0,05	93,3	0,445	94,8	2,475	0,452	2,023	
	0,09	93,4	0,71	95,5	2,675	0,725	1,95	1,99
	0,153	93,0	1,15	94,8	3,175	1,173	2,002	
	0,207	93,5	1,46	95,5	3,465	1,49	1,975	

Durch Vergleich der Resultate der beiden Meßmethoden (Fig. 14 und 15) ist der Widerstand A_1 der Aufhängung Fig. 14 bei den 4 Geschwindigkeiten ermittelt worden.

II.

a) Messungen an 4 ähnlichen Platten vom Seitenverhältnis 1:4.

25. und 26. Mai 1910.

Ebene Platte $7,57 \times 30,05$ cm; Stärke d $= 0,15$ cm;

$$\frac{\gamma v^2}{g} = 5,40 \text{ mm } H_2O; \text{ Widerstand der Drähte } = 2,6 \text{ g.}$$

1	2	3	4	5
Neigungs- winkel α	Auftrieb in Gramm	Widerstand in Gramm	ζ_A	ζ_W
— 6,0	— 23,6	+ 3,6	— 0,192	0,0293
— 2,9	— 11,5	1,7	— 0,0935	0,0138
+ 0,1	+ 0,2	1,35	+ 0,0016	0,0110
3,1	11,5	1,85	0,0935	0,0151
6,2	23,9	3,4	0,195	0,0277
9,2	35,3	6,3	0,287	0,0512
12,2	38,3	9,2	0,311	0,075
15,3	40,2	12,0	0,327	0,0977
18,3	42,2	14,9	0,344	0,121
21,4	42,5	17,0	0,346	0,138
24,5	43,1	20,0	0,351	0,163
27,3	43,6	22,7	0,355	0,185
32,6	43,5	28,0	0,354	0,228
38,4	42,0	33,6	0,342	0,273

28. und 29. Mai 1910.

Ebene Platte $12,5 \times 50$ cm; Stärke $d = 0,25$ cm;

$$\frac{\gamma v^2}{g} = 5,40 \text{ mm } H_2O; \text{ Widerstand der Drähte} = 2,1 \text{ g.}$$

1	2	3	4	5
Neigungs-winkel a	Auftrieb in Gramm	Widerstand in Gramm	ζ_A	ζ_W
$-11,5$	$-109,9$	$+25,6$	$-0,326$	$+0,0759$
$-8,6$	$-97,6$	$16,6$	$-0,289$	$0,0492$
$-5,6$	$-62,5$	$8,1$	$-0,185$	$0,0240$
$-2,6$	$-28,5$	$3,6$	$-0,0845$	$0,0107$
$+0,4$	$+3,7$	$3,1$	$+0,011$	$0,0092$
$3,4$	$36,9$	$5,4$	$0,109$	$0,0160$
$6,4$	$71,4$	$10,5$	$0,211$	$0,0311$
$9,4$	$104,0$	$19,7$	$0,308$	$0,0583$
$12,4$	$110,6$	$28,1$	$0,328$	$0,0832$
$15,5$	$118,6$	$37,0$	$0,351$	$0,110$
$18,5$	$123,2$	$45,5$	$0,365$	$0,135$
$25,2$	$124,0$	$62,6$	$0,368$	$0,186$
$31,1$	$125,7$	$81,5$	$0,372$	$0,241$
$37,0$	$119,6$	$95,5$	$0,354$	$0,283$

30. Mai 1910.

Ebene Platte $20 \times 80,1$ cm; Stärke $d = 0,41$ cm;

$$\frac{\gamma v^2}{g} = 5,38 \text{ mm } H_2O; \text{ Widerstand der Drähte} = 2,5 \text{ g.}$$

$-3,2$	$-91,3$	$13,1$	$-0,106$	$0,0152$
$-0,3$	$-8,9$	$8,2$	$-0,0103$	$0,0095$
$+2,7$	$+71,3$	$10,6$	$+0,0828$	$0,0123$
$5,7$	$156,0$	$20,6$	$0,181$	$0,0239$
$8,7$	$261,2$	$43,6$	$0,303$	$0,0506$
$11,7$	$290,9$	$65,2$	$0,338$	$0,0758$
$14,7$	$309,6$	$87,5$	$0,359$	$0,1015$
$17,7$	$329,8$	$113,8$	$0,382$	$0,132$
$20,7$	$326,9$	$132,8$	$0,380$	$0,154$
$23,7$	$331,9$	$151,8$	$0,385$	$0,176$
$26,8$	$333,3$	$180,4$	$0,387$	$0,209$
$35,7$	$330,5$	$240,1$	$0,384$	$0,279$
$42,4$	$312,5$	$287,7$	$0,362$	$0,334$
$49,5$	$295,5$	$339,8$	$0,343$	$0,395$

1. und 2. Juni 1910.

Ebene Platte $35,2 \times 140$ cm; Stärke $d = 0,7$ cm;

$$\frac{\gamma v^2}{g} = 5,38 \text{ mm } H_2O; \text{ Widerstand der Drähte} = 3,5 \text{ g.}$$

$-5,0$	-459	$48,8$	$-0,174$	$0,0184$
$-2,0$	-175	$23,7$	$-0,0661$	$0,0090$
$+1,0$	$+92,5$	$22,9$	$+0,035$	$0,00865$
$4,0$	$363,5$	$40,9$	$0,137$	$0,0154$
$7,0$	693	$98,9$	$0,262$	$0,0373$
$10,0$	$903,5$	$174,7$	$0,342$	$0,0660$
$13,0$	970	245	$0,366$	$0,0925$
$16,1$	1045	$320,8$	$0,395$	$0,121$
$19,2$	$1067,5$	$396,3$	$0,404$	$0,150$
$22,3$	$1077,5$	463	$0,407$	$0,175$
$25,5$	1104	$545,2$	$0,417$	$0,206$

b) Messungen an der 12,5 × 50-cm Platte bei 4 Geschwindigkeiten.

7. und 8. Juni 1910.

Ebene Platte 12,5 × 50 cm bei verschiedenen Geschwindigkeiten.
Widerstand der Drähte = 1,05 bzw. 2,0 bzw. 3,1 bzw. 4,4 Gramm.

1	2	3	4	5	6
Neigungs-winkel α	$\dfrac{\gamma v^2}{g}$ in mm H_2O	Auftrieb in Gramm	Widerstand in Gramm	ζ_A	ζ_W
+ 2,3	2,663	+ 12,6	2,21	+ 0,0757	0,0133
	5,18	25,5	4,44	0,0788	0,0137
	7,90	39,2	6,4	0,0793	0,01295
	11,19	55,7	8,72	0,0796	0,0125
8,3	2,663	45,3	8,1	0,272	0,0486
	5,18	91,3	16,28	0,282	0,0502
	7,90	140,8	24,75	0,285	0,0501
	11,19	201,5	35,2	0,288	0,0503
14,4	2,663	55,1	16,37	0,331	0,098
	5,18	109,7	32,2	0,339	0,0994
	7,90	168,6	49,55	0,341	0,1003
	11,19	240,5	70,0	0,344	0,100
20,4	2,663	57,8	24,15	0,347	0,145
	5,18	115,3	47,9	0,356	0,148
	7,90	177,3	73,6	0,359	0,149
	11,19	252,6	104,1	0,361	0,149
26,5	2,663	60,6	33,15	0,364	0,199
	5,18	120,0	65,1	0,371	0,201
	7,90	185,3	98,7	0,375	0,200
	11,19	265,2	142,1	0,379	0,203
32,6	2,663	61,6	41,75	0,370	0,2505
	5,18	121,5	82,7	0,375	0,255
	7,90	186,9	126,0	0,378	0,255
	11,19	265,1	175	0,379	0,250

III.

Messungen an ebenen Platten vom Format 20 × 80 cm zur Ermittlung des Reibungswiderstandes der unendlich dünnen Platte bei 0° Neigungswinkel.

Es wurden 4 Platten von 0,165, 0,41, 0,8 und 1,6 cm Stärke untersucht und der Widerstand W_0 bei $\alpha = 0°$ ermittelt. W_0 wurde abhängig von der Stärke d der Platte aufgetragen und die Kurve bis d = 0 verlängert.

1. Stärke d der Platte = 0,165 cm. $\quad \dfrac{\gamma v^2}{g} = 4,96$ mm H_2O.

1	2	3	4
Neigungs-winkel α	Auftrieb in Gramm	Widerstand in Gramm	ζ_W
— 3,0	— 78,0	9,15	0,0115
— 1,0	— 24,8	5,4	0,0068
+ 1,05	+ 25,8	5,3	0,00668
+ 3,05	+ 80,2	9,6	0,0121

Durch Interpolation findet man den Widerstandskoeffizienten bei $\alpha = 0°$ zu 0,0060.

2. Die Resultate für die 0,41 mm starke Platte finden sich in der vorausgehenden Serie. Die mitgeteilten Zahlen liefern den Koeffizienten bei 0^0 zu: $(\zeta_W)_{a=0^\bullet} = 0{,}0082$.

3. Stärke d der Platte $= 0{,}8$ cm. $\dfrac{\gamma\, v^2}{g} = 4{,}96$ mm H_2O.

1	2	3	4
a	A	W	ζ_W
— 2,4	— 61,5	12,05	0,0152
— 1,4	— 37,5	11,13	0,0140
+ 0,6	+ 14,5	10,9	0,0137
+ 1,6	+ 43,0	11,45	0,0144

Durch Interpolation findet man $(\zeta_W)_{a=0^\bullet} = 0{,}0134$.

4. Stärke d der Platte $= 1{,}6$ cm. $\dfrac{\gamma\, v^2}{g} = 5{,}2$ mm H_2O.

1	2	3	4
a	A	W	ζ_W
— 1,6	— 41,7	16,2	0,0195
— 0,6	— 15,0	16,15	0,0194
+ 0,4	+ 11.7	16,45	0,0198
+ 1,4	+ 38,9	16,8	0,0202
2,4	+ 66,1	17,35	0,0209

Durch Interpolation erhält man $(\zeta_W)_{a=0^\bullet} = 0{,}0194$.

Trägt man nun die unter 1—4 mitgeteilten Werte von $(\zeta_W)_{a=0^0}$ abhängig von der Stärke d der Platte auf, so erhält man durch Extrapolation auf $d = 0$ den Koeffizienten $\zeta_R{'}$ für dan Reibungswiderstand zu 0,0036. Beziehe ich den Koeffizienten auf die Oberfläche (also $2 \times$ Länge $\times$ Breite der Platte), so erhalte ich:

$$\zeta_R = 0{,}0018.$$

Da die Reibung nicht proportional mit $\dfrac{\gamma\, v^2}{g} \times$ Fläche zunimmt ist hervorzuheben, daß sich ζ_R auf eine 20×80 cm-Platte (20 cm Seite parallel zum Luftstrom) bezieht und bei einer Geschwindigkeit von etwa 6 m/sec und einer Temperatur von etwa 20^0 C bestimmt worden ist.

IV.

Versuche an 8 Platten von verschiedener Wölbung.

Format: 20 × 80 cm.

(Dazu die Figuren 22—25.)

10. und 11. März 1910.

Ebene Platte 20,1 × 79,9 cm; Stärke = 0,4 cm;

$$\frac{\gamma v^2}{g} = 5,34 \text{ mm } H_2O; \text{ Widerstand der Drähte } = 2,5 \text{ g.}$$

1	2	3	4	5	6
Neigungs-winkel α	Auftrieb in Gramm	Widerstand in Gramm	ζ_A	ζ_W	s in cm
— 1,7	— 43,1	+ 8,1	— 0,0505	0,0095	6,15
— 0,2	— 5,5	7,3	— 0,0065	0,0086	—
+ 1,2	+ 35,7	8,3	+ 0,042	0,0097	3,0
3,2	93,4	12,4	0,1095	0,0145	4,45
6,2	190,6	26,1	0,224	0,0306	4,93
9,2	277,8	51,0	0,326	0,0599	6,83
12,3	302	72,4	0,355	0,0850	7,53
14,3	317,2	87,3	0,372	0,1025	7,8
16,4	331	104,3	0,389	0,122	8,05
18,4	337,2	119,0	0,396	0,140	8,08
20,4	330	130,7	0,387	0,154	7,93
23,4	330,8	152,5	0,388	0,179	8,0
25,9	339	174,9	0,398	0,205	8,08
28,5	344	195,9	0,404	0,230	8,05
35,8	327,2	251,4	0,384	0,295	8,6
39,3	321,8	269,3	0,378	0,316	8,93
42,9	314,2	294,3	0,369	0,345	9,2
46,4	301	321,8	0,353	0,378	9,5

3. Mai 1910.

Gewölbte Platte 20,25 × 80 cm; Pfeil f = 0,33; Stärke = 0,4 cm;

$$\frac{\gamma v^2}{g} = 5,38 \text{ mm } H_2O.$$

1	2	3	4	5	6
— 9,0	— 211,5	40,9	— 0,242	0,047	+ 5,8
— 5,9	— 119,5	20,8	— 0,137	0,0239	+ 2,27
— 2,9	— 18,9	9,6	— 0,0217	0,0110	ca.— 20
+ 0,2	+ 74,3	8,3	+ 0,0852	0,0095	+ 10,7
3,3	163,8	14,5	0,188	0,0166	7,36
6,4	252,5	27,3	0,290	0,0314	6,38
9,4	339	53,3	0,389	0,0611	6,79
11,4	357	73,7	0,410	0,0846	7,75
13,4	354	89,9	0,406	0,103	8,06
16,4	358	113,4	0,411	0,130	8,31
18,4	359	128,1	0,412	0,147	8,44
21,4	359	148,9	0,412	0,171	8,28
20,5	360	143,1	0,413	0,164	8,38
25,6	364	182,3	0,418	0,209	8,38
30,8	363.5	225,2	0,417	0,259	8,62
36,0	347,5	265,8	0,399	0,305	8,70

11. und 12. April 1910.

Gewölbte Platte $20,0 \times 80,0$ cm; Pfeil $f = 0,81$ cm; Stärke $d = 0,4$ cm; $\dfrac{\gamma v^2}{g} = 5,38$ mm H_2O.

1	2	3	4	5	6
Neigungs-winkel α	Auftrieb in Gramm	Widerstand in Gramm	ζ_A	ζ_W	s in cm
— 2,5	— 4,4	18,5	— 0,0051	0,0215	—
— 0,5	+ 76,3	14,8	+ 0,0885	0,0172	15,75
+ 2,5	174,6	15,5	0,203	0,0180	9,7
6,4	296,6	28,0	0,345	0,0325	7,5
10,3	406	53,6	0,471	0,0622	6,6
13,3	431,5	88,8	0,502	0,103	7,5
15,3	414,2	107,7	0,482	0,125	7,9
17,3	406	122,7	0,471	0,143	8,25
19,3	398	137,7	0,463	0,160	8,25
21,3	398,5	152	0,463	0,176	8,33
23,3	396	167,3	0,460	0,194	8,15
25,4	400,5	185,3	0,465	0,215	8,0
27,4	394,5	196,6	0,458	0,229	8,23
29,3	402,5	220	0,468	0,256	8,35
32,4	394	244,3	0,458	0,284	8,15
35,6	384	270,7	0,446	0,315	8,43
39,1	372,5	294,5	0,433	0,343	8,5

20. und 21. April 1910.

Gewölbte Platte 20×80 cm; Pfeil $f = 1,00$ cm; Stärke $d = 0,4$ cm; $\dfrac{\gamma v^2}{g} = 5,36$ mm H_2O.

1	2	3	4	5	6
Neigungs-winkel α	Auftrieb in Gramm	Widerstand in Gramm	ζ_A	ζ_W	s in cm
— 4,7	— 79,5	27,8	— 0,0925	0,0324	— 6,7
— 1,6	+ 49,2	18,1	+ 0,0573	0,0211	+ 24,8
+ 1,5	172,3	16,0	0,201	0,0187	11,4
3,6	251,5	20,0	0,293	0,0233	9,52
5,6	308,4	25,8	0,359	0,0300	8,56
8,6	388,4	40,2	0,453	0,0469	7,60
11,6	463,3	61,2	0,539	0,0713	7,00
13,5	486,2	83,8	0,567	0,0977	7,12
14,5	484	98,1	0,564	0,114	7,58
17,5	448	126,1	0,522	0,147	8,27
20,5	438,2	153,0	0,510	0,178	8,38
23,5	427,5	175,3	0,498	0,204	8,35
27,5	427,5	208,1	0,498	0,242	8,35
30,6	422,5	236,9	0,492	0,276	8,35
33,7	408,5	256,5	0,476	0,299	8,42
39,4	383,7	302	0,447	0,352	8,70
44,5	364	335,5	0,424	0,391	9,08

8. und 9. März 1910.

Gewölbte Platte $20,0 \times 80,0$ cm; Pfeil $f = 1,42$ cm; Stärke $d = 0,4$ cm;

$$\frac{\gamma v^2}{g} = 5,34 \text{ mm } H_2O.$$

1	2	3	4	5	6
Neigungs-winkel α	Auftrieb in Gramm	Widerstand in Gramm	ζ_A	ζ_W	s in cm
— 3,8	— 38,9	29,4	— 0,0455	0,0345	— 11,1
— 1,8	+ 37,8	24,7	+ 0,0443	0,0289	+ 27,1
— 0,3	115,9	24,8	0,136	0,0290	15,1
+ 1,2	190,8	26,8	0,223	0,0314	12,3
3,7	290,2	32,3	0,340	0,0379	10,3
6,2	395,3	40,8	0,463	0,0478	9,05
8,6	459	53,7	0,538	0,0629	8,28
11,1	514,5	70,0	0,602	0,0820	7,80
13,6	552	92,3	0,647	0,108	7,42
15,2	536,5	116,1	0,627	0,136	7,85
17,2	480	136	0,562	0,159	8,65
20,2	448	160,5	0,525	0,188	8,9
24,2	433,5	189,2	0,508	0,221	8,95
26,2	429,5	205,4	0,503	0,240	8,92
26,2	437	211,3	0,512	0,247	9,00
32,2	416	236,3	0,487	0,277	8,78
35,9	396,5	273,6	0,465	0,321	8,92
39,5	384,5	303	0,450	0,355	9,16
43,1	370	332,5	0,433	0,378	9,18

21. und 22. April 1910.

Gewölbte Platte 20×80 cm; Pfeil $f = 1,65$ cm; Stärke $d = 0,4$ cm;

$$\frac{\gamma v^2}{g} = 5,36 \text{ mm } H_2O.$$

1	2	3 ·	4	5
Neigungs-winkel α	Auftrieb in Gramm	Widerstand in Gramm.	ζ_A	ζ_W
— 7,0	— 90,2	45,9	— 0,1055	0,0537
— 4,0	— 38,2	36,4	— 0,0447	0,0425
— 1,0	+ 57,1	29,3	+ 0,067	0,0343
+ 1,9	216	32,3	0,252	0,0377
3,9	300	37,0	0,351	0,0432
8,0	475,4	51,2	0,556	0,0599
11,0	528	66,7	0,617	0,078
13,0	562,5	80,8	0,658	0,0945
15,0	583,2	96,2	0,681	0,1125
17,1	556,2	133,4	0,649	0,156
20,2	482	156,1	0,563	0,1825
23,3	454	177,2	0,530	0,207
27,5	452	222,8	0,528	0,260
30,7	445	249,3	0,520	0,291
34,0	439	274,7	0,513	0,320
37,3	413	295,8	0,483	0,345

23. und 25. April 1910.

Gewölbte Platte $20,1 \times 79,7$ cm; Pfeil $f = 2,04$ cm; Stärke $d = 0,4$ cm;
$$\frac{\gamma v^2}{g} = 5,34 \text{ mm } H_2O.$$

1	2	3	4	5	6
Neigungs-winkel α	Auftrieb in Gramm	Widerstand in Gramm	ζ_A	ζ_W	s in cm
− 6,4	− 64,3	49,5	− 0,0751	0,0579	− 2,5
− 2,5	+ 8,2	40,1	+ 0,0096	0,0469	ca. + 80
+ 0,5	111,2	35,6	0,130	0,0416	+ 15,58
3,5	281	47,0	0,329	0,0550	11,74
6,5	432,5	59,3	0,505	0,0693	10,25
9,5	569,3	74,7	0,666	0,0872	9,02
11,5	590,5	84,0	0,690	0,0981	8,65
13,5	613	96,4	0,718	0,113	8,3
15,5	630	110,6	0,737	0,129	8,03
17,5	626,5	129,8	0,731	0,152	7,95
19,5	579	163,8	0,677	0,191	8,54
18,5	602	147,8	0,703	0,173	8,23
24,4	486	202,2	0,568	0,236	9,28
28,4	471	236,8	0,551	0,277	9,21
32,4	456,5	273,5	0,533	0,320	9,40
27,4	479	231,5	0,560	0,271	9,23
32,8	455	272,3	0,532	0,319	9,33
38,2	421,5	312,3	0,493	0,365	9,28
43,6	400	353,0	0,468	0,413	9,42
49,1	363,5	399,2	0,425	0,466	9,68

11. und 12. April 1910.

Gewölbte Platte $20,2 \times 79,9$ cm; Pfeil $f = 2,49$ cm; Stärke $d = 0,4$ cm;
$$\frac{\gamma v^2}{g} = 5,36 \text{ mm } H_2O.$$

1	2	3	4	5
Neigungs-winkel α	Auftrieb in Gramm	Widerstand in Gramm	ζ_A	ζ_W
− 7,2	− 61,2	55,9	− 0,071	0,0648
− 4,2	− 22,2	51,1	− 0,0257	0,0592
− 2,2	+ 15,4	46,7	+ 0,0178	0,0541
+ 0,8	109,3	42,7	+ 0,126	0,0494
2,8	198,6	49,5	0,230	0,0572
4,8	318,3	62,1	0,368	0,0720
7,8	440,5	79,1	0,510	0,0916
10,8	640,5	96,5	0,741	0,112
13,8	655	110,2	0,758	0,128
15,9	662,5	122,3	0,767	0,142
18,0	668,5	136,1	0,773	0,158
20,0	648,5	159,5	0,750	0,185
21,6	583	185,3	0,676	0,215
21,8	573,5	191,1	0,664	0,221
23,1	529	200,2	0,612	0,232
25,0	509,5	217,6	0,590	0,251
27,2	492,5	233,1	0,570	0,270
29,3	491,5	252,2	0,569	0,292
31,5	480	275,8	0,556	0,320
33,7	469	288,3	0,542	0,334
35,8	452	306,8	0,523	0,355
37,0	449,5	312,4	0,520	0,362
40,0	431	337,8	0,499	0,391

Fig. 22 bis 25: Platten vom Format 20 × 80 cm von verschiedener Wölbung.

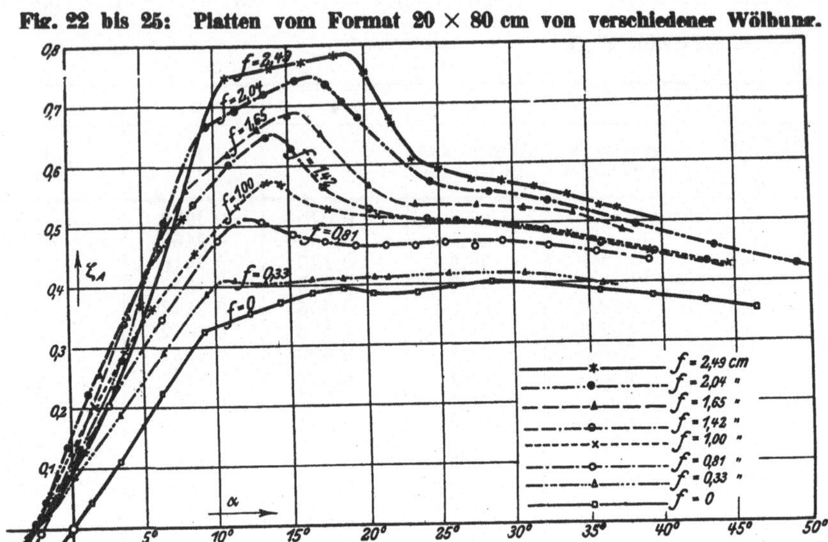

Fig. 22.   (f = Wölbungspfeil.)

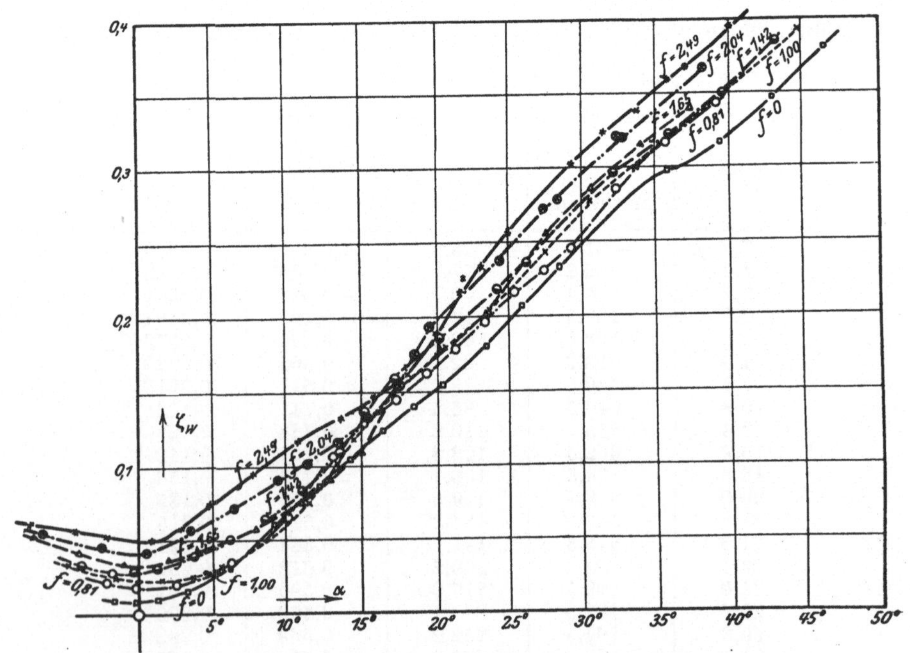

Fig. 23.   (Bedeutung der Zeichen siehe Fig. 22.)

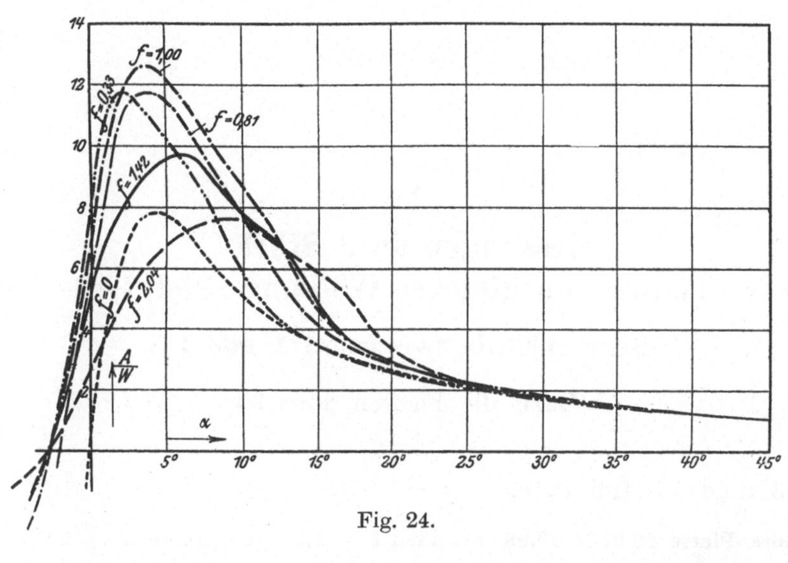

Fig. 24.

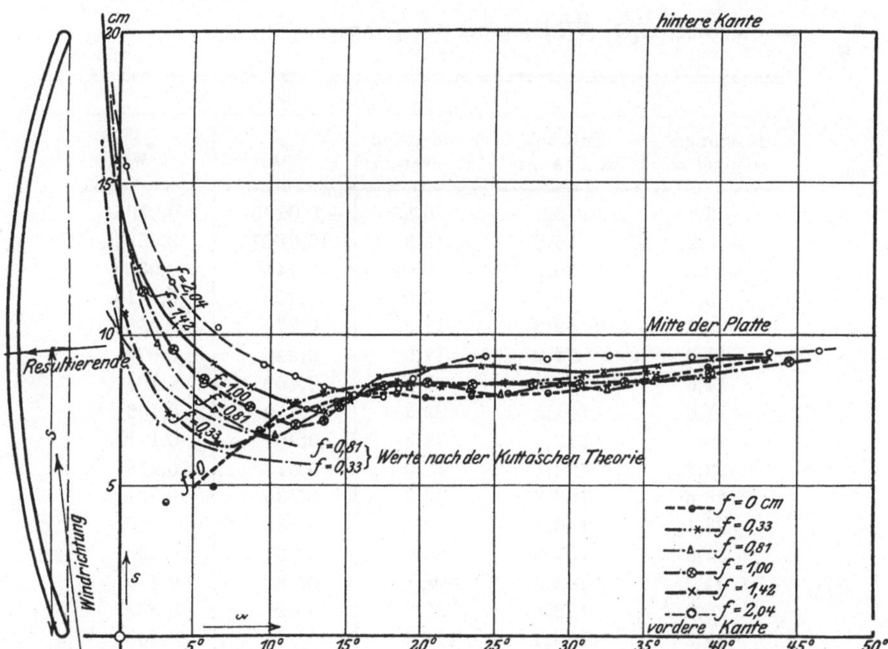

Fig. 25. (s = Entfernung der Resultierenden von der vorderen Kante.)

Die Ergebnisse der **Kutta**schen Theorie für die Strecke s in obiger Figur werden durch die Formel:

$$ s = \frac{1}{4} \cdot \text{Plattensehne} \cdot \left[2 - \frac{\operatorname{tg} \alpha}{\operatorname{tg}\left(\alpha + \frac{\beta}{2}\right)} \right] $$

mit genügender Genauigkeit wiedergegeben.

Es bedeuten dabei α den Neigungswinkel und β den halben Zentriwinkel des Kreisbogens $\left(\text{also } \operatorname{tg} \frac{\beta}{2} = \frac{2 \times \text{Wölbungspfeil}}{\text{Sehne}} \right)$.

Wir haben in Fig. 25 und 34 die Resultate der Theorie für Platten mit dem Wölbungsverhältnis 1:60, 1:24 und 1:26 eingetragen.

V.

Messungen an 8 Stück
20 cm tiefen Platten von gleicher Wölbung (Pfeil 1,44—1,53 cm).

Seitenverhältnis zwischen 1:1 und 1:5.

(Dazu die Figuren 26—29.)

13. und 14. Juli 1910.

Gewölbte Platte $20{,}07 \times 19{,}98$ cm; Pfeil $f = 1{,}44$ cm; Stärke $d = 0{,}27$ cm; $\dfrac{\gamma v^2}{g} = 5{,}36$ mm H_2O; Widerstand der Drähte $= 2{,}1$ g.

1	2	3	4	5
Neigungs-winkel α	Auftrieb in Gramm	Widerstand in Gramm	ζ_A	ζ_W
— 3,1	+ 5,7	6,55	+ 0,0265	0,0305
— 0,2	18,2	6,3	0,0847	0,0294
+ 2,8	30,9	7,07	0,144	0,0329
5,7	43,7	9,0	0,203	0,0419
8,6	59,3	12,5	0,276	0,0581
11,6	74,2	17,0	0,346	0,079
14,6	87,9	22,4	0,409	0,104
17,6	101,2	29,3	0,470	0,136
20,6	113,3	36,9	0,527	0,171
23,6	124,1	47,0	0,578	0,219
26,6	136,7	60,3	0,638	0,281
28,4	146,3	70,1	0,681	0,326
31,5	157,8	85,0	0,734	0,396
34,7	168,0	102,1	0,782	0,475
36,9	172,0	113,8	0,801	0,530
39,2	174,7	126,2	0,814	0,588
39,1	177,3	126,2	0,826	0,588
38,0	175,9	120,8	0,819	0,562
40,3	177,7	132,2	0,828	0,617
41,4	176,1	136,4	0,820	0,637
42,6	172,0	142,2	0,801	0,662
43,2	171,8	144,2	0,800	0,671
39,1	99,5	78,9	0,463	0,367
39,2	99,7	78,5	0,464	0,365
40,3	96,8	80,7	0,451	0,376
41,5	94,9	82,4	0,442	0,384
42,6	93,4	83,8	0,435	0,390
46,7	87,7	89,6	0,408	0,417

11. und 12. Juli 1910.

Gewölbte Platte $20{,}05 \times 30{,}1$ cm; Pfeil $f = 1{,}48$ cm; $\dfrac{\gamma\, v^2}{g}$ ist zuerst 5,48 mm H_2O.

1	2	3	4	5
Neigungswinkel α	Auftrieb in Gramm	Widerstand in Gramm	ζ_A	ζ_W
— 3,0	+ 8,1	9,9	0,0247	0,0303
0	32,8	9,6	0,100	0,0294
+ 3,0	60,4	11,3	0,185	0,0346
6,0	90,8	15,6	0,277	0,0477
9,0	117,7	21,4	0,360	0,0654
11,9	140,3	28,3	0,429	0,0866
13,4	150,5	33,0	0,46	0,101
14,9 [1])	160,7	37,4	0,486	0,113
17,9 [1])	178,7	47,6	0,541	0,144
20,9 [1])	193,9	63,3	0,586	0,192
wiederh.				
20,9 [2])	188,9	61,7	0,585	0,191
22,9 [2])	195,7	75,8	0,606	0,234
25,0 [2])	202,9	88,9	0,629	0,275
27,0 [2])	154,8	79,8	0,480	0,247
28,8 [2])	145,7	80,5	0,451	0,249
34,1 [2])	139,4	95,5	0,431	0,295
39,5 [2])	144,6	119,4	0,448	0,369

21. und 22. Juni 1910.

Gewölbte Platte $20{,}0 \times 40{,}0$ cm; Pfeil $f = 1{,}495$ cm; $\dfrac{\gamma\, v^2}{g} = 5{,}18$ mm H_2O.

1	2	3	4	5
α	Auftrieb in Gramm	Widerstand in Gramm	ζ_A	ζ_W
— 6,5	— 30,5	17,7	— 0,0737	0,0427
— 3,5	+ 4,4	13,3	+ 0,0106	0,0321
— 0,5	45,6	12,3	0,110	0,0297
+ 2,5	91,8	14,4	0,221	0,0348
5,5	131,9	19,5	0,318	0,0471
8,5	173,4	27,4	0,418	0,0661
11,5	204,3	37,1	0,494	0,0894
14,5	234,6	49,1	0,566	0,118
17,5	251,6	62,8	0,608	0,152
20,5	243,4	83,2	0,589	0,201
23,5	215,4	91,6	0,520	0,221
28,9	193,7	104,5	0,467	0,252
34,3	182,3	119,5	0,440	0,289
39,9	173,0	141,2	0,418	0,341

---

[1]) Druckregler verstellt; $\dfrac{\gamma\, v^2}{g} = 5{,}48$ mm H_2O

[2])   „   „   ; $\dfrac{\gamma\, v^2}{g} = 5{,}36$ mm H_2O.

23. Juni 1910. .

Gewölbte Platte 20,1 × 54,85 cm; Pfeil f = 1,525 cm;

$$\frac{\gamma \, v^2}{g} = 5,18 \text{ mm } H_2O.$$

1	2	3	4	5
Neigungs-winkel a	Auftrieb in Gramm	Widerstand in Gramm	ζ_A	ζ_W
— 5,8	— 35,5	22,9	— 0,062	0,0402
— 2,8	+ 16,0	18,0	+ 0,028	0,0316
+ 0,1	88,3	17,4	0,155	0,0305
3,1	162,0	21,5	0,284	0,0377
6,0	225,0	29,5	0,395	0,0517
9,0	286,3	40,2	0,502	0,0704
12,0	330,2	54,3	0,580	0,0951
15,0	360,6	72,3	0,632	0,127
18,0	344,4	98,0	0,603	0,172
21,0	304,0	112,2	0,533	0,197
24,0	286,7	125,3	0,503	0,219
28,6	274,5	146,7	0,481	0,257
34,2	259,5	169,5	0,455	0,297
39,9	245,0	199,2	0,430	0,350

25. Juni 1910.

Gewölbte Platte 20,1 × 70,1 cm; Pfeil f = 1,485 cm;

$$\frac{\gamma \, v^2}{g} = 5,18 \text{ mm } H_2O; \text{ Drahtwiderstand} = 2,5 \text{ g.}$$

1	2	3	4	5
— 3,0	+ 26,5	23,2	+ 0,0363	0,0319
0	142,1	22,0	0,195	0,0301
+ 2,9	233,5	26,4	0,320	0,0362
5,9	337,2	37,8	0,462	0,0518
8,8	391,2	50,3	0,537	0,0690
11,8	447,2	70,1	0,613	0,0961
14,8	463,8	98,2	0,637	0,135
17,8	409,0	124,9	0,561	0,171
20,8	381,8	144,0	0,523	0,197
23,8	373,8	164,0	0,512	0,225
26,8	365,2	184,3	0,501	0,253
27,0	364	185,3	0,500	0,254
32,3	347,5	220	0,477	0,302
37,8	333	257	0,457	0,353

25. Juni 1910.

Gewölbte Platte 20,1 × 79,97 cm; Pfeil f = 1,53 cm;

$$\frac{\gamma \, v^2}{g} = 5,20 \text{ mm } H_2O.$$

1	2	3	4	5
— 5,2	— 51,9	32,6	— 0,062	0,039
— 2,2	+ 44,2	25,5	+ 0,053	0,0306
— 0,7	195,5	26,7	0,234	0,032
+ 3,7	309,5	33,8	0,370	0,0404
6,6	425,5	45,8	0,510	0,0548
9,6	487,6	61,5	0,583	0,0737
12,5	540,8	84,6	0,648	0,1013
14,5	542,8	109,3	0,650	0,131
15,5	535,3	124,2	0,641	0,149
18,5	466,2	150,1	0,559	0,180
21,5	440,0	172,0	0,527	0,206
24,5	430,0	194,2	0,515	0,232
27,7	431,5	225,0	0,518	0,270
33,1	406,0	263,5	0,486	0,315
38,7	381,3	302,5	0,457	0,363

28. und 29. Juni 1910.

Gewölbte Platte $20,2 \times 90,1$ cm; Pfeil $f = 1,51$ cm;

$\dfrac{\gamma v^2}{g}$ ist zuerst $5,2$ mm H_2O.

1	2	3	4	5
Neigungs-winkel α	Auftrieb in Gramm	Widerstand in Gramm	ζ_A	ζ_W
— 2,7	+ 26,5	29,3	0,028	0,031
+ 0,2	212	27,9	0,224	0,0295
3,1	350,3	34,3	0,372	0,0363
6,1	477,2	45,7	0,505	0,0483
9,1	552,5	63,5	0,584	0,0671
12,0	611,8	88,7	0,648	0,0937
wiederh.				
12,0 [1]	619	90,8	0,644	0,0942
13,0 [1]	620	104,6	0,645	0,190
15,0 [1]	594	138,3	0,618	0,144
18,0 [1]	529	166,8	0,550	0,173
21,0 [1]	506,5	193,8	0,527	0,201
24,0 [1]	507	225,3	0,527	0,235
27,0 [1]	525,5	265	0,546	0,275
30,8 [1]	509	305	0,529	0,317
36,3 [1]	461	336,5	0,480	0,350
42,0 [1]	428,5	385,5	0,445	0,401

1., 2. und 4. Juli 1910.

Gewölbte Platte $20,15 \times 105,1$ cm; Pfeil $f = 1,48$ cm;

$\dfrac{\gamma v^2}{g} = 5,32$ mm H_2O.

1	2	3	4	5
α	Widerstand in Gramm	Auftrieb in Gramm	ζ_A	ζ_W
+ 1,3	350	36,0	0,310	0,0319
4,5	525,7	43,6	0,465	0,0386
7,4	621,5	59,6	0,551	0,0527
10,4	703,5	85,5	0,623	0,0758
12,4	741,5	108,3	0,659	0,096
15,4	684	164,6	0,607	0,146
19,4	619	208,6	0,549	0,185
23,6	603,5	259	0,535	0,229
— 3,7	— 37,4	37,4	— 0,0331	0,0331
— 0,7	+ 191,5	31,0	+ 0,170	0,0274
+ 2,2	383	35,6	0,340	0,0315
5,2	547,3	46,5	0,486	0,0413
8,2	639,1	65,7	0,568	0,0582
11,2	714,3	93,2	0,634	0,0828

---

[1] Druckregler verstellt; $\dfrac{\gamma v^2}{g} = 5,29$ mm H_2O.

Fig. 26 bis 29: Platten von gleicher Wölbung und verschiedenem Seitenverhältnis.

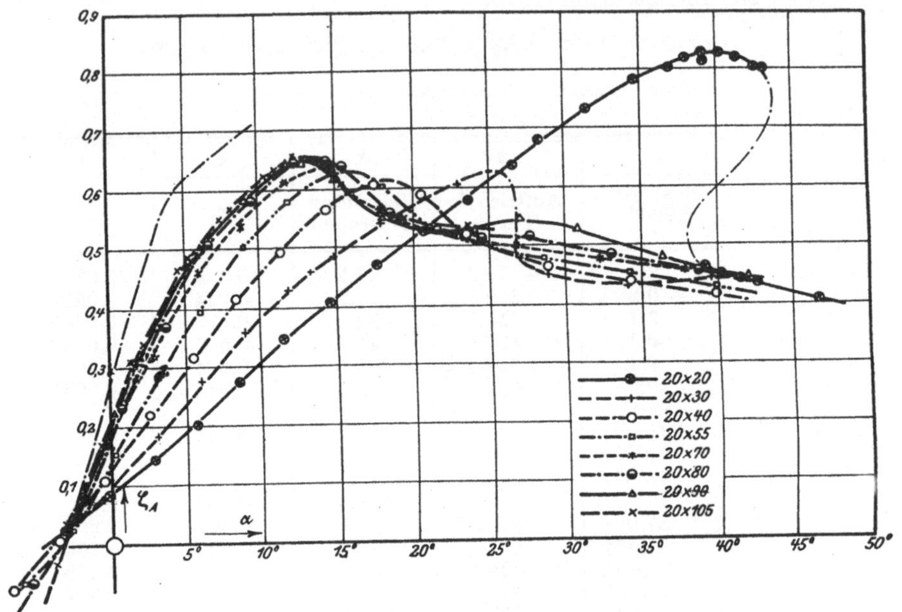

Fig. 26.

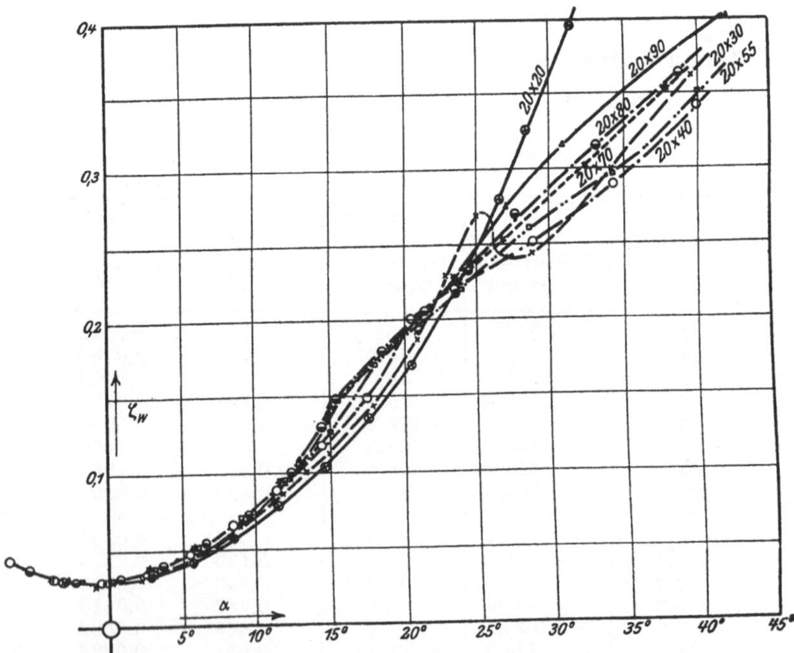

Fig. 27. (Bedeutung der Zeichen siehe Fig. 26.)

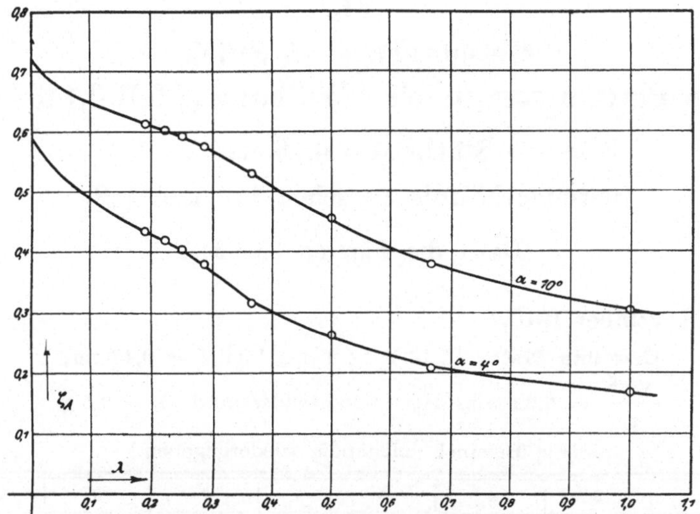

Fig. 28. ($\lambda =$ Seitenverhältnis.)
Extrapolation auf die unendlich breite Platte.

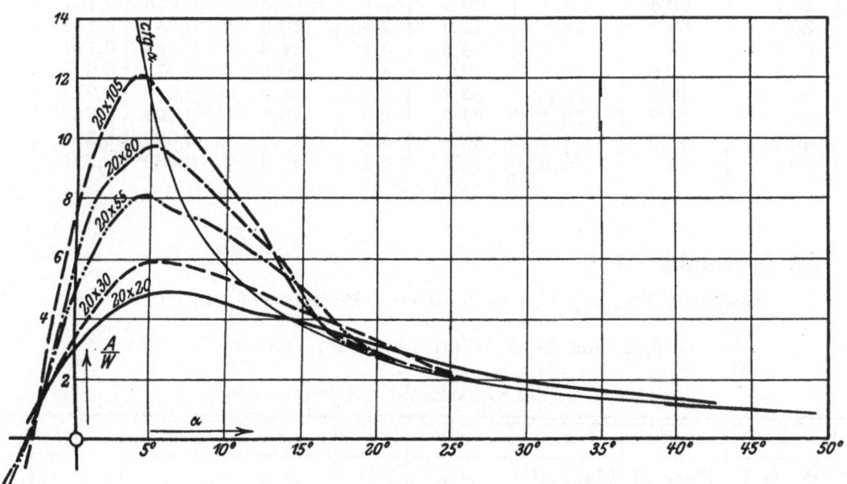

Fig. 29.

VI.

Messungen an 5 Stück
12 cm tiefen Platten von gleicher Wölbung (Pfeil 0,445—0,48 cm).

Stärke d = 0,16 cm.

Seitenverhältnis zwischen 1:2 und 1:8.

(Dazu die Figuren 30—34.)

21. November 1910.

Gewölbte Platte 12,13 × 24,0 cm; Pfeil f = 0,48 cm;

$$\frac{\gamma\, v^2}{g} = 5{,}22 \text{ mm } H_2O; \text{ Drahtwiderstand } D = 2{,}5 \text{ g.}$$

(Als Beispiel vollständig wiedergegeben.)

1	2	3	4	5	6	7	8	9	10
Neigungs-winkel α	Wage I	Wage II	Wage III	A = II + III	K	W = I + K — D	ζ_A	ζ_W	s
	in Gramm								in cm
— 1,3	4,95	+ 4,8	+ 2,95	+ 7,75	0,35	2,8	0,051	0,0184	+ 12,65
+ 2,6	4,7	19,3	3,55	22,85	1,0	3,2	0,150	0,0211	6,37
6,5	6,1	34,0	4,65	38,65	1,75	5,35	0,255	0,0353	5,23
10,6	9,7	49,8	5,0	54,8	2,5	9,7	0,361	0,0639	4,34
14,6	15,7	62,5	6,7	69,2	3,1	16,3	0,456	0,107	4,48
16,6	20,1	64,8	8,2	73,0	3,3	20,9	0,481	0,138	4,83
18,6	23,7	64,5	9,1	73,6	3,3	24,5	0,485	0,161	5,08
22,7	30,1	62,6	10,1	72,7	3,3	30,9	0,479	0,203	5,32
26,7	33,1	56,2	9,5	65,7	3,0	33,6	0,433	0,221	5,30
32,7	40,1	51,8	10,1	61,9	3,0	40,6	0,407	0,267	5,39
38,3	46,9	48,6	11,2	59,8	3,0	47,5	0,394	0,313	5,52
44,0	55,7	45,0	12,8	57,8	3,1	56,3	0,380	0,371	5,62

22. November 1910.

Gewölbte Platte 12,08 × 36,01 cm; Pfeil f = 0,445 cm;

$$\frac{\gamma\, v^2}{g} = 5{,}22 \text{ mm } H_2O; \text{ Widerstand der Drähte } D = 2{,}0 \text{ g.}$$

(Als Beispiel vollständig wiedergegeben.)

1	2	3	4	5	6	7	8	9	10
Neigungs-winkel α	Wage I	Wage II	Wage III	A = II + III	K	W = I + K — D	ζ_A	ζ_W	s
	in Gramm								in cm
— 3,3	8,2	— 7,25	3,3	— 3,95	— 0,2	6,0	— 0,0174	0,0264	— 20,4
+ 1,7	5,5	+ 28,7	5,9	+ 34,6	+1,6	5,1	+ 0,152	0,0225	+ 6,6
6,6	8,1	63,1	7,5	70,6	3,2	9,3	0,311	0,0410	4,75
11,6	16,05	92,9	9,4	102,3	4,65	18,7	0,450	0,0823	4,39
14,6	25,3	97,0	12,45	109,45	5,0	28,3	0,481	0,125	4,92
17,6	31,9	91,1	13,5	104,6	4,75	34,65	0,460	0,153	5,20
21,6	40,3	88,7	13,7	102,4	4,7	43,0	0,451	0,190	5,20
26,6	48,9	85,3	13,8	99,1	4,5	51,4	0,437	0,227	5,08
34,1	63,5	80,7	15,7	96,4	4,8	66,3	0,425	0,292	5,25
40,6	76,8	72,8	17,9	90,7	4,7	79,5	0,400	0,350	5,48

23. November 1910.

Gewölbte Platte 12,12 × 48,0 cm; Pfeil f = 0,445 cm;

$$\frac{\gamma v^2}{g} = 5,22 \text{ mm } H_2O; \text{ Widerstand der Drähte } D = 2,0 \text{ g.}$$

1	5	7	8	9	10
α	$A = II + III$	$W = I + K - D$	ζ_A	ζ_W	s in cm
— 2,9	+ 3,9	6,6	+ 0,0128	0,0217	+ 48,5
+ 2,0	57,7	6,0	0,190	0,0198	5,73
7,0	108,4	13,0	0,356	0,0428	4,34
12,0	144,8	30,1	0,476	0,099	4,59
14,0	144,0	37,6	0,474	0,124	4,91
17,0	141,7	46,6	0,466	0,153	5,10
22,1	138,0	60,6	0,454	0,199	5,13
27,2	140,1	76,3	0,461	0,251	5,06
32,0	136,4	89,5	0,449	0,295	5,16
37,6	128,8	103,1	0,424	0,340	5,28
43,3	120,8	120,0	0,398	0,395	5,42

24. November 1910.

Gewölbte Platte 12,08 × 84 cm; Pfeil f = 0,475 cm;

$$\frac{\gamma v^2}{g} = 5,22 \text{ mm } H_2O; \text{ Widerstand der Drähte } D = 2,0 \text{ g.}$$

1	5	7	8	9	10
α	$A = II + III$	$W = I + K - D$	ζ_A	ζ_W	s in cm
— 3,9	— 29,1	15,0	— 0,055	0,0283	— 3,52
+ 1,1	+ 105,3	9,1	+ 0,198	0,0172	+ 6,40
6,0	212,5	19,0	0,401	0,0359	4,64
11,0	270,2	46,5	0,510	0,0878	4,81
13,0	266,4	59,3	0,502	0,112	5,03
16,0	262,2	75,9	0,495	0,143	5,21
21,0	264,6	103,1	0,499	0,194	5,27
26,0	275,1	134,5	0,520	0,254	5,18
33,4	289,6	194,6	0,546	0,368	5,42
40,0	267,0	228,9	0,503	0,432	5,37
46,9	228,7	249,8	0,431	0,471	5,51

25. November 1910.

Gewölbte Platte 12,08 × 108,37; Pfeil f = 0,455 cm;

$$\frac{\gamma v^2}{g} = 5,23 \text{ mm } H_2O; \text{ Widerstand der Drähte } D = 2,0 \text{ g.}$$

1	5	7	8	9	10
α	$A = II + III$	$W = I + K - D$	ζ_A	ζ_W	s in cm
— 4,2	— 50,9	19,0	— 0,0741	0,0277	— 1,68
+ 0,8	+ 135,9	10,4	+ 0,198	0,0152	+ 6,05
5,8	280,9	22,9	0,410	0,0334	4,49
8,8	350,8	42,6	0,511	0,0621	4,30
11,8	341,0	69,8	0,498	0,102	4,93
15,9	340,9	100,0	0,497	0,146	5,18
20,9	355,2	136,0	0,518	0,198	5,70
26,0	381,5	183,9	0,557	0,268	5,71

Fig. 30 bis 34: Platten von gleicher Wölbung und verschiedenem Seitenverhältnis.

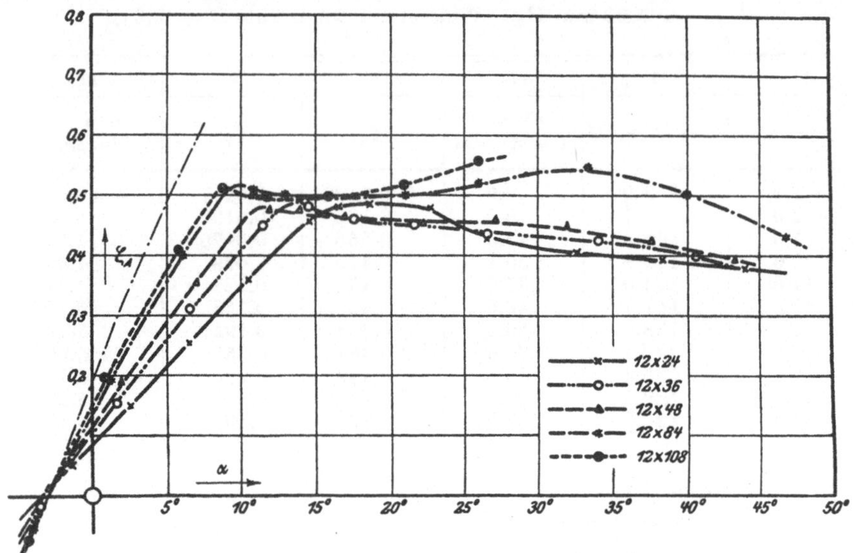

Fig. 30.

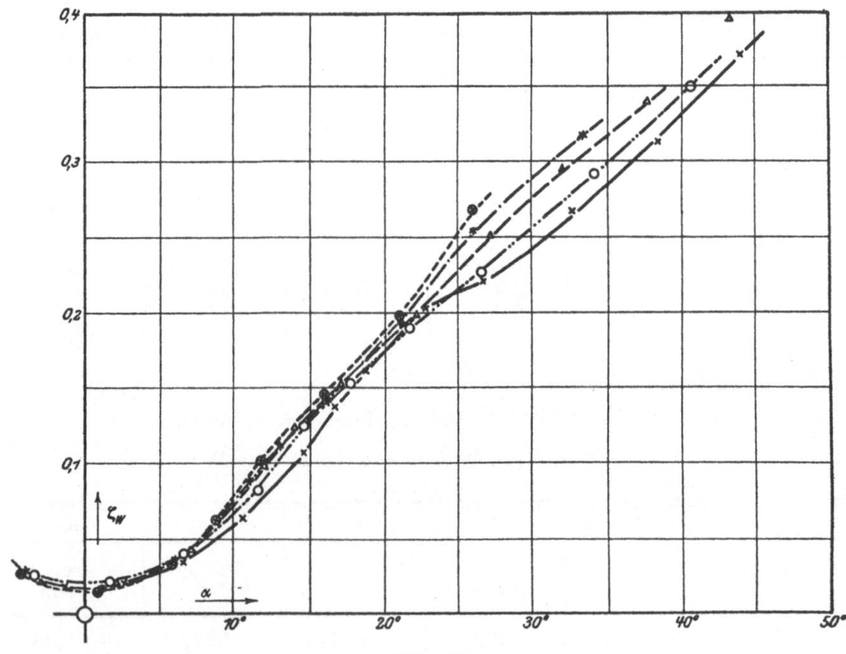

Fig. 31.

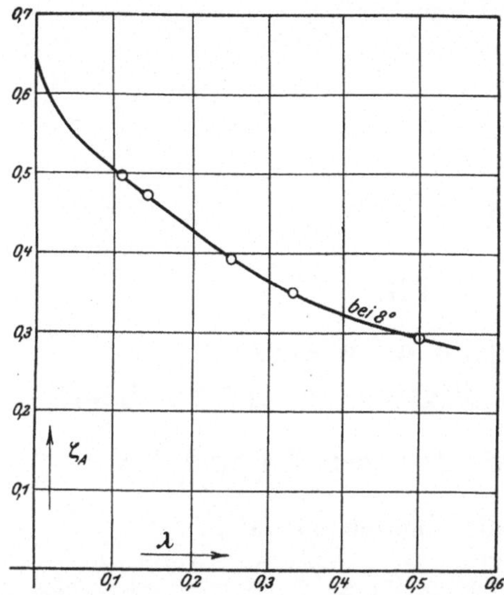

Fig. 32. (λ = Seitenverhältnis.)   Extrapolation
auf die unendlich breite
Platte.

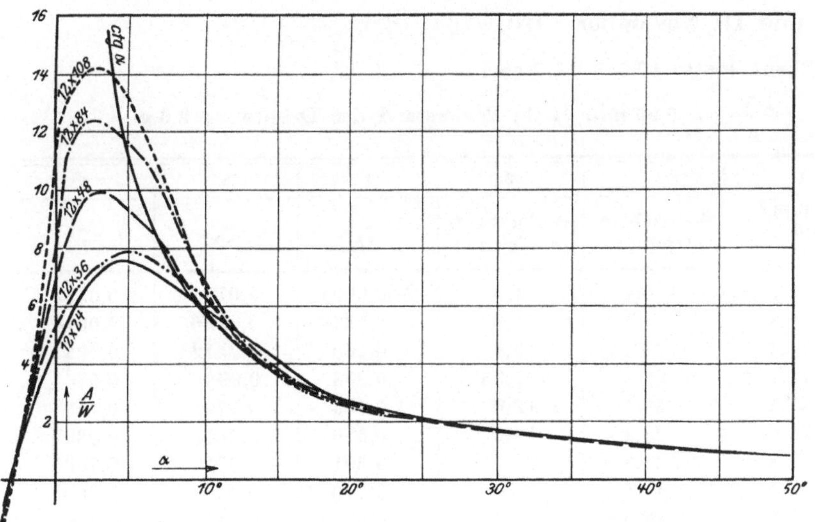

Fig. 33.

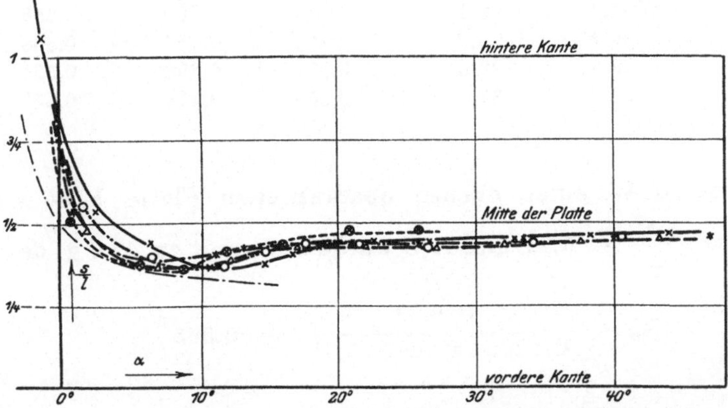

Fig. 34. (s/l = verhältnismäßige Entfernung der Resultierenden von der vorderen Kante.)

VII.

Messungen an 6 ebenen
0,17 cm starken Platten von 12 cm Tiefe.

Seitenverhältnis zwischen 1:1 und 1:8.

(Dazu die Figuren 35—38.)

15. und 16. November 1910.

Ebene Platte $12,0 \times 11,9$ cm;

$$\frac{\gamma\, v^2}{g} = 5.20 \text{ mm } H_2O;\ \text{Widerstand der Drähte} = 2,6 \text{ g.}$$

1	2	3	4	5	6
Neigungs-winkel α	Auftrieb in Gramm	Widerstand in Gramm	ζ_A	ζ_W	ζ
+ 1,3	+ 0,7	1,3	+ 0,0094	0,0175	0,0199
6,3	6,5	1,9	0,0878	0,0256	0,0914
11,4	13,8	3,8	0,186	0,0512	0,193
16,4	22,1	7,35	0,298	0,099	0,314
21,4	30,3	12,6	0,409	0,170	0,443
26,6	38,2	19,6	0,516	0,264	0,580
31,8	44,6	27,7	0,601	0,373	0,708
35,1	47,4	33,0	0,640	0,445	0,780
38,4	48,8	38,4	0,658	0,518	0,839
40,6	48,5	41,7	0,653	0,562	0,863
41,8	47,8	42,5	0,643	0,573	0,863
38,4	33,1	26,9	0,446	0,362	0,574
39,5	31,6	26,7	0,426	0,360	0,558
41,8	30,2	28,2	0,407	0,381	0,558
45,3	28,3	29,5	0,381	0,398	0,551
48,7	26,6	31,4	0,359	0,424	0,555

Der Widerstand W einer ebenen quadratischen Platte $12,05 \times 12,07$ cm bei $\alpha = 90^0$ und $\frac{\gamma\, v^2}{g} = 5,21$ mm H_2O wurde bestimmt zu 42,0 g; demnach ist:

$$\zeta_{90} = \frac{0,0420}{0,1205 \cdot 0,1207 \cdot 5,21} = 0,555.$$

19. Oktober 1910.

Ebene Platte $12{,}12 \times 24{,}05$ cm;

$$\frac{\gamma\, v^2}{g} = 5{,}232 \text{ mm } H_2O; \text{ Widerstand der Drähte} = 2{,}0 \text{ g}.$$

1	2	3	4	5	6
Neigungs-winkel α	Auftrieb in Gramm	Widerstand in Gramm	ζ_A	ζ_W	ζ
+ 1,1	2,2	1,95	0,0144	0,0128	0,0193
5,2	15,8	3,3	0,104	0,0216	0,106
9,2	32,35	6,7	0,212	0,0439	0,216
13,2	47,2	12,5	0,310	0,082	0,320
17,2	58,15	18,5	0,381	0,121	0,400
21,2	58,6	24.4	0,384	0,160	0,416
25,2	53,45	26,9	0,350	0,176	0,391
28,2	52,4	29,5	0,344	0,194	0,395
32,5	51,3	34,7	0,337	0,227	0,406
37,7	50,0	41,0	0,328	0,269	0,424

20. Oktober 1910.

Ebene Platte $12{,}13 \times 36{,}17$ cm;

$$\frac{\gamma\, v^2}{g} = 5{,}232 \text{ mm } H_2O.$$

1	2	3	4	5	6
α	Auftrieb in Gramm	Widerstand in Gramm	ζ_A	ζ_W	ζ
+ 0,9	3,6	2,7	0,0157	0,0118	0,0196
5,0	29,65	5,0	0,129	0,0218	0,131
9,0	59,7	11,2	0,260	0,0487	0,265
13,1	78,2	20,05	0,340	0,0873	0,351
16,1	82,7	26,0	0,360	0,113	0,377
18,2	84,85	29,9	0,369	0,130	0,391
21,2	84,2	35,1	0,367	0,153	0,397
25,3	82,7	41,3	0,360	0,180	0,402
29,6	83,15	48,8	0,362	0,212	0,420
55,0	82,6	58,3	0,359	0,254	0,440
40,4	80,0	69,4	0,348	0,302	0,460

21. Oktober 1910.

Ebene Platte $12{,}04 \times 48{,}1$ cm;

$$\frac{\gamma\, v^2}{g} = 5{,}232 \text{ mm } H_2O.$$

1	2	3	4	5	6
α	Auftrieb in Gramm	Widerstand in Gramm	ζ_A	ζ_W	ζ
1,5	12,4	4,0	0,0409	0,0132	0,0430
5,4	52,2	7,9	0,172	0,0260	0,174
9,3	94,8	18,2	0,313	0,0600	0,318
13,3	104,7	28,5	0,345	0,094	0,357
15,3	110,4	34,1	0,364	0,113	0,381
18,2	117,2	42,25	0,385	0,139	0,409
22,2	114,2	50,8	0,376	0,168	0,411
26,3	118,9	63,5	0,392	0,209	0,444
29,1	121,3	72,2	0,399	0,238	0,464
33,3	119,4	82,2	0,393	0,271	0,477
37,5	113,4	91,2	0,373	0,301	0,479
42,9	108,2	105,0	0,357	0,347	0,497

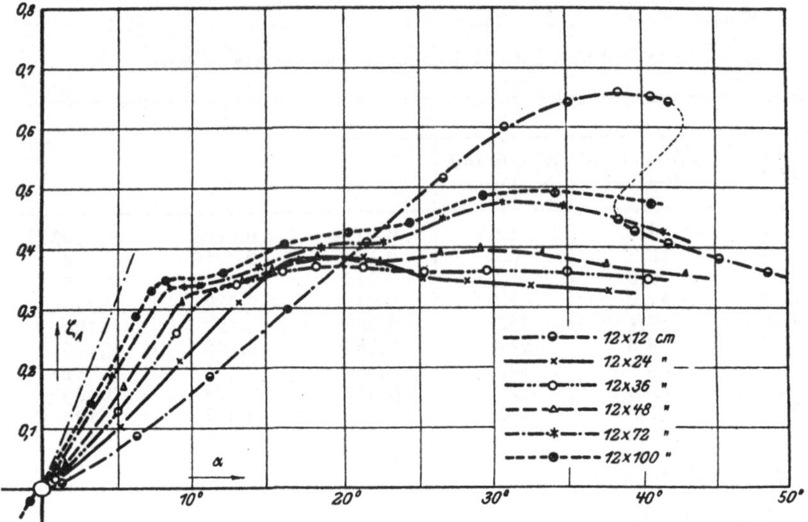

Fig. 35.

Fig. 35.

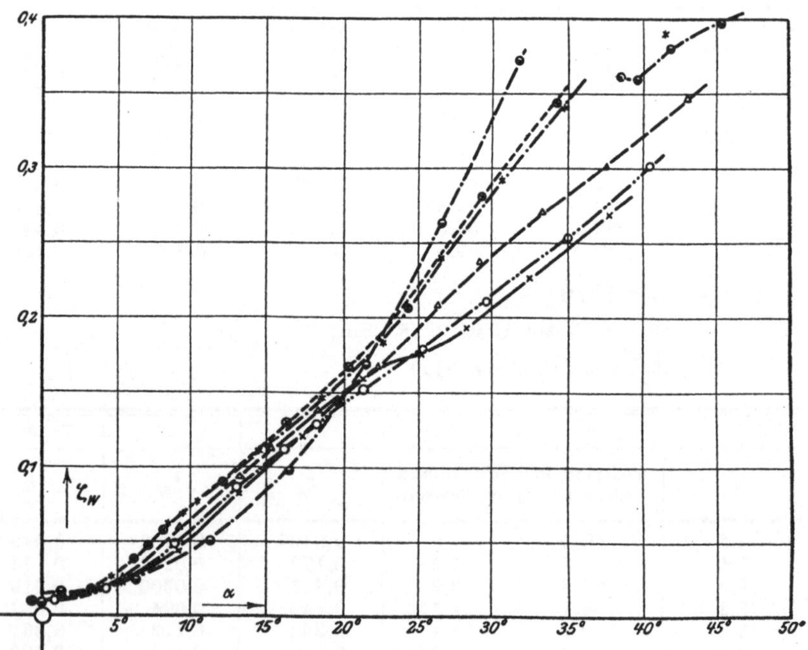

Fig. 36.

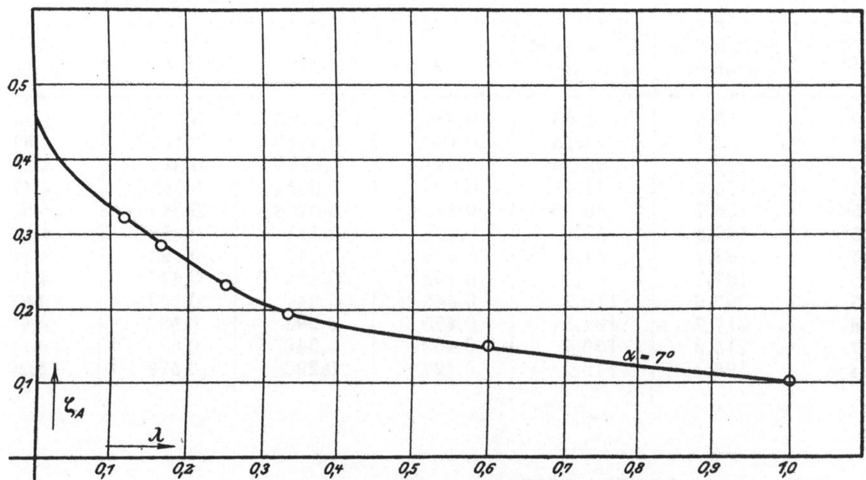

Fig. 37. ($\lambda =$ Seitenverhältnis.)
Extrapolation auf die unendlich breite Platte.

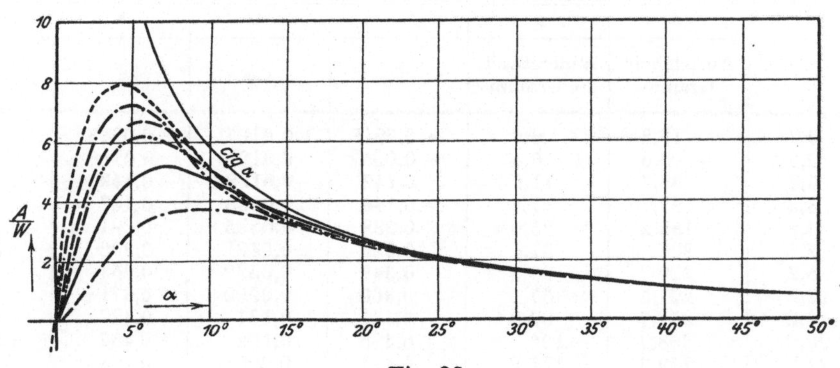

Fig. 38.

25. Oktober 1910.

Ebene Platte $12,15 \times 72,1$ cm;

$$\frac{\gamma v^2}{g} = 5,232 \text{ mm H}_2\text{O}.$$

1	2	3	4	5	6	7
Neigungs-winkel α	Auftrieb in Gramm	Widerstand in Gramm	ζ_A	ζ_W	ζ	s in cm
+ 0,9	16,6	5,65	0,0361	0,0123	0,0381	+ 1,78
4,6	86,7	12,15	0,189	0,0265	0,191	2,92
8,5	152,8	28,35	0,333	0,0618	0,339	4,23
9,5	154,9	31,4	0,338	0,0684	0,345	4,47
10,5	156,1	35,15	0,340	0,0768	0,348	4,51
14,5	169,5	50,8	0,369	0,111	0,385	4,70
18,5	183,7	67,6	0,400	0,147	0,426	4,80
22,5	187,7	84,3	0,409	0,184	0,448	4,70
26,5	205,6	110,3	0,448	0,240	0,507	4,83
30,6	217,7	134,5	0,475	0,293	0,557	4,92
34,7	215,2	156,0	0,469	0,340	0,579	5,11
41,4	196,1	179,2	0,427	0,390	0,578	5,22

26. und 27. Oktober 1910.

Ebene Platte $12,08 \times 100$ cm;

$$\frac{\gamma v^2}{g} = 5,232 \text{ mm H}_2\text{O}.$$

1	2	3	4	5	6	7
α	Auftrieb in Gramm	Widerstand in Gramm	ζ_A	ζ_W	ζ	s
— 0,7	— 13,8	6,8	— 0,0218	0,0107	0,0243	—
0,0	+ 3,6	6,4	+ 0,0057	0,0101	0,0116	—
3,2	89,7	11,9	0,142	0,0188	0,143	2,84
3,3	92,7	11,9	0,146	0,0188	0,147	2,90
6,2	182,2	25,0	0,288	0,0395	0,291	3,49
7,2	208	31,1	0,329	0,0481	0,332	3,94
8,2	220	36,9	0,348	0,0582	0,353	4,22
12,2	227,5	57,1	0,360	0,0902	0,371	4,81
16,2	257,7	82,8	0,407	0,131	0,427	4,90
20,2	268,7	106	0,425	0,168	0,457	4,78
24,3	279,3	131,8	0,441	0,208	0,488	4,74
29,3	308,5	178,5	0,487	0,282	0,563	4,98
34,2	310,8	218,4	0,490	0,345	0,599	5,13
40,6	299	262	0,473	0,414	0,630	5,28

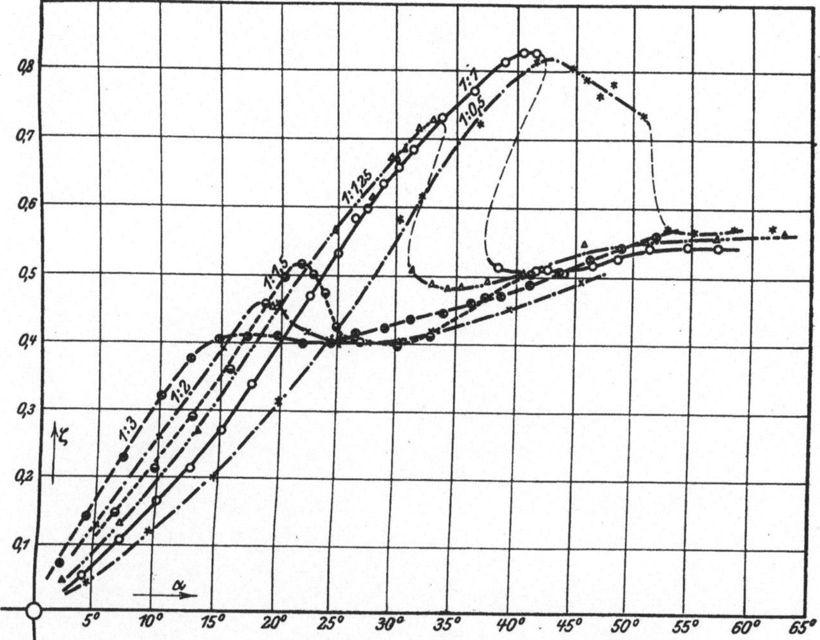

Fig. 39. Messungen an ebenen 35 cm tiefen Platten.
(Die Ordinaten stellen die Koeffizienten der resultierenden Kraft dar.)

NB! Diese Kurventafel ist zum erstenmal im April 1910 in Heft 8 der „Zeitschr. für Motorluftschiffahrt" veröffentlicht worden. Bei der Bestimmung der Windgeschwindigkeit ist mir damals ein Fehler unterlaufen, so daß die ζ-Werte um etwa 10 % zu hoch ausgefallen sind. Durch entsprechende Veränderung des Maßstabes für die ζ-Werte ist in der hier vorliegenden Figur der damals begangene Fehler aufgehoben worden.